一体化建造

——新型建造方式的探索和实践

叶浩文 著

中国建筑工业出版社

图书在版编目（CIP）数据

一体化建造——新型建造方式的探索和实践 / 叶浩
文著 .—北京：中国建筑工业出版社，2019.2
ISBN 978-7-112-23187-4

Ⅰ.①一… Ⅱ.①叶… Ⅲ.①建筑工程—研
究 Ⅳ.① TU

中国版本图书馆 CIP 数据核字（2019）第 011280 号

本书共 8 章，分别是：一体化建造背景；一体化建造内涵；建造方式的变
革；一体化建造流程；一体化建造技术方法；一体化建造创新技术；一体化建造
管理模式；一体化建造实践案例。

本书适用于建筑设计、施工、管理从业人员参考使用。

责任编辑：万　李　范业庶
责任校对：芦欣甜

一体化建造
——新型建造方式的探索和实践
叶浩文　著

*

中国建筑工业出版社出版、发行（北京海淀三里河路 9 号）
各地新华书店、建筑书店经销
北京点击世代文化传媒有限公司制版
北京京华铭诚工贸有限公司印刷

*

开本：787×960 毫米　1/16　印张：15　字数：237 千字
2019 年 1 月第一版　2019 年 6 月第二次印刷
定价：55.00 元
ISBN 978-7-112-23187-4
　　（33269）

今年是我国改革开放四十周年，也是浩文同志在建筑业工作奋斗的四十年。值此，浩文同志根据自己近四十年的工作实践，经过所想所感的思考升华，把握当前建筑业转型发展要求，站在新时代创新发展高度，针对建造方式变革进行深入研究和思考，提出了"一体化建造"的理论和方式，具有较强的系统性、理论性和创新性，这对于当前我国建筑业转型发展、建造方式变革无疑是具有指导意义的。

纵观全书，可以体会到具有以下鲜明特点，一是展现出浩文同志开阔的研究视野和扎实的实践基础。这与他近四十年一直坚守在工程建设第一线，做过技术员、工长、项目经理、总工程师、董事长等丰富的职业经历有关，使其研究的问题具有前瞻性，能够把握问题的本质，系统地分析问题，更能立足于宏观视角，把控工程项目的运行，从顶层设计层面屡屡提出工程项目运行管理的创新思路和方法。很显然，该书延续了这种宏观的战略思维和"不谋全局者，不足谋一域"的视角。二是体现了较强的学术创新精神。浩文同志提出的"一体化建造"理论，具有较强的创新性，为我国建造方式的变革提供了一种可以借鉴的理论基础，对于建筑业的创新发展无疑是一种重要启迪和促进。三是把握了新时代发展的脉搏。在国家大力发展装配式建筑的新时期，浩文同志调到了中建集团总部工作，专注于装配式建筑研究与发展，三年多来，从无到有，从理论到实践，不断学习探索，提出了装配式建筑"三个一体化"的发展理念、REMPC工程管理模式，这些思想观点已经和正在得到业界的广泛认同，并已经取得了世人瞩目的业绩。

书中自始至终洋溢着浩文同志对建造方式变革的热忱和追求。如果说广州"西塔"和"东塔"的建造完成是他从事工程建设管理和技术研究的一个重要里程碑的话，而今他又在"装配式建筑""绿色建筑"研究等方面实现了诸多建树。目前我国装配式建筑方兴未艾，在此我真诚希望浩文同志百尺竿头、不懈上攀，带领中建的相关团队在研究中实践，在实践中升华，促进我国装配式建造水平更快提升；也希冀更多有识之士投入其中，积极贡献智慧和力量。

我相信本书的出版发行，一定会为我国装配式建筑的发展、建造方式变革及建筑业转型升级起到积极的引导和促进作用。

中国工程院院士
中建股份首席专家
同济大学土木工程学院教授

2018 年 12 月 3 日

  我出生在一个建筑世家，是建筑人的后代，从小就愿意跟着父亲学做木工，儿时的梦想就是建造高楼。参加工作后，有幸迈进了建筑行业，从事工程建设事业，圆了自己儿时的梦。一干就将近四十年，这四十年，正是我国改革开放的四十年，也是我国建筑业大发展的四十年，同时，也是我人生奋斗的四十年。近40年来，本人作为一名工程师，一直坚守在行业的第一线，亲身参与建造的高楼已难以计数，但是，最值得骄傲的是主持建造了广州"西塔"与广州"东塔"项目，不仅为自己圆了建造摩天大楼的梦，也为亲历建筑业这四十年的改革发展历程，以及中国建筑业取得的辉煌成就感到由衷的自豪。

  回首往事，感慨万千，依然心存梦想。在当今中国建筑业转型升级、建造方式变革的新时期，我现在的梦想就是要用装配化、一体化、工业化建造方式来建造一个"未来建筑"。调到中建科技集团有限公司工作也促使我对这样一个梦想有了进一步的认知和感悟，特别是经过这三年多的工作实践，也形成了一些系统性思考。为此，选择了"一体化建造"这个主题，作为自己四十年的工程实践总结，奉献给这个伟大的新时代。

  建筑是凝固的音符，凝聚了时代、科技、文化、社会发展的元素，可以最直接最直观地体现一个工程师的价值与成就。进入新时代，更加促使我对"未来建筑"梦想的期待，同时也增强了我对一体化建造方式进行探索的信心。"一体化建造"不仅是建造活动的思维方法，也是新时代的发展观，它对应着传统粗放的建造方式，是建造方式的重大变革，也是建筑业向高质量发展的现实要求。

目前，我国建筑业还处于"大而不强"，建造方式相对传统、粗放，工程建造品质不能满足人民群众日益增长的需求，工程组织方式不适应现代化的建造方式，尤其是产业创新发展水平，与供给侧结构性改革的总体要求相比，还有较大的差距，制约着建筑业向高质量发展目标迈进。在此大背景下，根据自己的不断探索和工程实践，编写了《一体化建造——新型建造方式的探索和实践》一书，旨在把握新时代发展要求，提出适应现代化发展的建造方式，期许为推动我国建造方式变革尽绵薄之力。

本书的编辑和出版离不开中建科技集团有限公司全体同仁的大力支持，感谢叶明、江国胜、樊则森、周冲、李张苗、刘若南、王兵等同事的大力帮助。

叶浩文

2018 年 12 月 3 日

—目录—

第 1 章

一体化建造背景

　　"一体化建造"从来就没有明确定义，也不是新概念。无论从物质生产的本质上看，还是从房屋建造全过程的效率和效益来讲，房屋就应该是一体化建造。"建造"作为一个动词，它所传递的信息不应仅是建造施工，而应包含更多的动态信息，比如建筑设计、制作、施工及时间、人力、工具、材料等要素，是房屋建筑从设计到建成的全过程更全面系统的表达。然而，建造过程中的种种要素，不是独立存在的，而是相互依存、相互关联，在整个建造活动中各环节、各阶段、各个生产要素是一体化、系统性和有机的整体。从古到今，从国内到国外，在房屋建造活动中都能找到"一体化建造"的例证，都能从中发现一体化建造所带来的经济性、合理性和科学性。

1.1　中国古代建筑的建造方式

　　古老的中国房屋建造大多都是从设计开始，并由设计者带领泥瓦匠、木匠进行施工建造，许多朝代官府通过"匠役"制度加以管理，设立作坊营建政府工程。近代中国，受到西方资本主义经营方式的影响，在一些沿海城市成立营造厂和建筑事务所，从事施工与设计业务，孕育了中国建筑业的萌芽与未来。

　　早在唐代以《营缮令》指导工程建设的标准化、模数化，唐大明宫以及唐乾陵在规划时，按方100步（50丈[1]）的方格为控制网，并以材高为模数，以一层柱高为立面、断面上的扩大模数，说明唐代在城市建设和单体建筑设计上就有了一体化的设计方法。

　　至北宋时期，李诫编著了《营造法式》，更系统地运用建筑模数来指导房屋的全过程建造，许多朝代官府通过"匠役"制度加以管理，设立作坊营建政府工程。《营造法式》中，载有一套包括设计原则、标准规范并附有图样的材份制。材份制不仅用于斗栱，而且用于木结构的各种构件，形成了一套完整的制度。《营造法式》记有："凡构屋之制，皆以'材'为祖。材有八等，度屋之大小而用之"、"各以其材之广分为十五分，以十分为其厚。凡屋宇之高深，各物之短长，曲直举折之势，规矩绳墨之宜，皆以所用材之分以为制度焉。"

　　随着木结构建筑技术的不断发展，清初颁布《工程做法》，以"斗口"制进一步提升了建筑构件的标准化和规范化，使一体化的工程建造更具有可行性。清代最重要的皇家建筑，大多出自总设计师"样式雷"之手。皇家建筑的建造首先要进行设计，画出精细的建筑草图，详细记载了工程的每一个细节，每一个结构的尺寸，然后将图上的建筑景致，用模型呈现出来。模型都按比例制作，尺寸基本有两种。一种是分样，一种是寸样。如五分样、寸样、二寸样、四寸样、五寸样等，即与建筑尺寸比例分别属1/200、1/100、1/50、1/25至1/20等。比例根据需要选择，细致到房瓦、廊柱、门窗甚至室内陈设的桌椅屏风等。再用草纸板、秫秸、木料等材料加工制作，在三维空间内研究建筑设计的模型，从平面到立体，原理与现代建筑的三维空间设计如出一辙。"样式雷"的贡献就是将这一设计程序标准化、规范化，并命名为"烫样"。设计图样确定后，还会绘制"现场活计图"，即施工现场的进展图，从基础开挖，到主体施工，从屋面完成，到室内装修，都详细绘制，为精确施工提供依据。

　　中国古代建筑，不是仅靠工匠的经验，而是有一套科学、严格的工艺流程。古代的斗拱结构建筑，匠师按所用材等真长绘制（设计），以

---

[1]　1丈 =3.33m。

份值表示的丈杆交给工匠，工匠能背诵以口诀形式表达各构件份值（标准化），以份值为依据直接进行预制加工（工厂化），再以现场装配各种构件为主进行建造（装配化），其建造过程可谓一体化建造的典范。

1.2　国外建筑的建造方式

与中国主流建筑"以木为主"建造结构相比，西方建筑的建造形式主要是"以石为本"，其结构体系主要基于砖石材料。在推行建筑工业化之前，西方不同历史时期的建筑，无论是古埃及法老王的陵墓、希腊诸神的庙宇、罗马的公共建筑、基督教的大教堂，抑或帝王的宫廷，都是以砖石为最基本的建筑材料。无论是"方石砌"还是"乱石砌"，都是以砖石间一定的协调模数关系为依据而进行整体设计建造的。罗马圣彼得大教堂的建设，先后有达·芬奇、伯拉孟特、拉斐尔等多位大师手绘建设蓝图，充分体现了西方古建筑的一体化建造思想。

当然，全面反映一体化建造水平的，还是西方工业革命后蓬勃发展的工业化建筑。18世纪60年代在英国率先掀起的工业革命，让造船、汽车等制造业生产效率大幅提升，这对建筑业也产生了积极的影响，欧洲开始兴起新建筑运动，尝试工厂预制生产、现场机械装配的建造方式，开始了建筑工业化的有益探索。第二次世界大战后，在西方国家亟需大量住房和劳动力严重缺乏的情况下，因建筑工业化工作效率高，逐渐成为很多国家的共同选择。1974年，联合国出版的《政府逐步实现建筑工业化的政策和措施指引》将"建筑工业化"定义为：按照大工业生产方式改造建筑业，使之逐步从手工业生产转向社会化大生产的过程。建筑工业化的基本途径是建筑标准化、构配件生产工厂化、施工机械化和组织管理科学化。装配式建筑成为建筑工业化的主要路径，一体化建造则成为建筑工业化的基本特征。

1.2.1　日本

第二次世界大战后，日本的建筑工业化发展十分迅速，在整体性抗震和隔震设计方面取得突破的基础上，企业技术开发和设计体制的市场化水平显著提升，形成了成熟的工业化建筑技术指导手册，并在标准化、一体化设计基础上，发展了许多风格各异的个性化住宅体系，可供消费者选购和订制，同时，结构部品、装修材料、厨卫、五金件以及建筑各种附件也都可进行标准化生产和商品化供应。基于这种良好的产业化发展基础，推动日本工程总承包企业从项目前期策划、系统设计、量化生产、现场装配和居住运维等环节上，普遍形成了企业自身的全过程建造手册，有力提升了工程全过程、全专业、全生命期的一体化建造品质。而且大型工程总承包企业都有自己的 PC 工厂，这些 PC 工厂以"管理机构轻量化、产业工人技能化、管理组织科学化、排产计划有序化、生产质量精细化、制造流程绿色化"为特征，在生产环节，很好地支撑了装配式建筑的一体化建造。

1.2.2 欧洲

　　欧洲是预制建筑的发源地。第二次世界大战后，由于劳动力资源短缺，欧洲更加重视研究、推广建筑工业化模式，积累了许多预制建筑的设计施工经验，形成了各种专用预制建筑体系和标准化的通用预制产品系列，编制了一系列预制混凝土工程标准和应用手册，对推动预制混凝土的全球应用和工业化建筑的一体化建造起到了很好的示范作用。英国非常重视以集成化、高效率为特点的建筑全产业链整合，通过新产品开发、集约化组织、工业化生产，提升工程一体化建造效率，以实现政府确定的"成本降低 10%，时间缩短 10%，缺陷率降低 20%，事故发生率降低 20%，劳动生产率提高 10%，最终实现产值利润率提高 10%"的产业发展目标；德国以大力发展通用体系为抓手，在建立相关标准规范基础上，鼓励不同类型装配式建筑技术体系的研究，逐步形成了适用范围更广的通用技术体系，从而在标准化设计、规模化应用、自动化生产和集约化管理等多个维度，充分展现了工业制造水平的一体化建造能力。

1.2.3 美国

　　第二次世界大战之后，美国的工业项目快速发展，一些大型项目技术复杂，对工程建设的周期、造价和质量等方面要求很高，如果设计和施工分属不同单位，很容易导致设计方和施工方之间的争端，造成投资增加和工期拖延，而美国普遍采用的 DB 模式（设计+建造，包含 EPC模式），能够通过一体化的设计和建造，有效减少设计和施工的摩擦，避免业主多头管理，顺应了工业化建筑的发展要求。在这种模式下，集设计与施工方式于一体，由一个实体按照一份总承包合同承担全部的设计和施工任务，在缩短工期、降低造价、便于施工和减少索赔争端等方面起到了好的作用，为此，一体化建造方式在美国受到各类业主广泛推崇。此外，美国城市住宅结构基本上以工厂化的混凝土装配式和钢结构装配式为主，住宅构件和部品的标准化、系列化、社会化程度很高，且全部实行装配式装修，没有毛坯房交付现象，所以住宅建设过程中的一体化建造也有很好的市场基础。也正是基于上述因素，美国的工程总承包业务发展很好，一直占领着国际工程总承包市场的龙头地位。

1.3 当今中国建筑的建造方式

1.3.1 建筑业的发展成就

建筑业是国民经济的支柱产业。改革开放 40 年来，建筑业取得了突飞猛进的发展，建造能力不断增强，产业规模不断扩大，吸纳了大量农村转移劳动力，带动了大量关联产业，有力支撑了国民经济增长，为经济社会发展、城乡建设和民生改善作出了重要贡献，取得了辉煌成就。2017 年，我国国内生产总值 82.71 万亿元，建筑业总产值达 21.40 万亿元，占国内生产总值的 25.87%。据有关数据显示，中国建筑业增加值这个数字已超过美国，居全球第一（图 1-1）。

与此同时，近年来建筑业的建造管理水平，在高、大、尖、深领域也取得了快速提升。放眼全球，很多"建筑之最"都已写上"中国"的名字。比如：世界上前 10 座最高的摩天大楼，其中有 5 座由中国建造；世界最长的跨海大桥，长 55km，被英国《卫报》称为"现代世界七大奇迹"之一的港珠澳大桥；世界最高的桥梁，高度 565m，横跨号称"世界大峡谷"的北盘江峡谷的贵州北盘江大桥；世界上海拔最高的铁路，在冻土上路程最长、被誉为"天路"的青藏铁路；世界最大的风力发电基地，

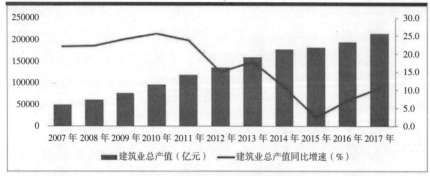

图 1-1　建筑业总产值同比增速

甘肃酒泉千万千瓦级风电基地；此外，中国的高速公路、高速铁路都是世界最长，已经连接了全国主要城市，而且还在以世界最快的速度增长。这些建造成就的取得，也反映出很多前沿、先进的建造技术都已在中国创新应用。

1.3.2　面临的主要问题

（1）体制机制条块分割。我国工程建设领域一直存在条块分割管理的现象，不同部门监督执法依据各自领域的规范性文件，使得工程建设全过程的监管规范性、系统性大大降低。再加上建筑业法律法规体系不够系统、完善，均在很大程度上制约了工程建设项目的一体化建造。

（2）设计、生产、施工脱节。当前工程建设领域还普遍存在设计、生产、施工脱节的现象，建筑设计对规范和标准考虑得多，偏重于设计的安全性和经济性，而对采购加工和施工安装的需求考虑较少，这也导致工程施工中各自为战，各方都以自身利益最大化为主，不会考虑工程的整体建造效益与效率。很多工程开工后，图样一改再改，工期一拖再拖。很多工程最终为了赶工，不是通过提升一体化建造能力，而是靠"人海战术"来完成，这不仅造成了极大的人力浪费，也增加了工程建造成本的不可预见性。

（3）开发建设碎片化管理。与发达国家普遍推行工程总承包模式不同，我国在这方面虽然也提出了明确推广要求，但实际效果并不理想，目前，国有投资或国有控股项目，已开始逐步推行工程总承包模式，但开发建设项目基于各种利益平衡，往往将工程设计、生产、采购、施工等交由不同单位实施，人为将工程建造碎片化，从而不仅造成了极大的资源浪费，也直接带来工程成本增加、工期拖延、投资超额等一系列矛盾问题。

（4）信息数据不能共享、系统流程不能贯通。信息化能充分利用信息技术，开发利用信息资源，促进信息交流和知识共享，推动经济社会发展。进入21世纪，信息资源日益成为重要生产要素、无形资产和社会财富。以共享为特征的信息化技术，在某种程度上已代表了各个行业的融合发展水平。但相比其他行业，我国建筑业的信息化、数字化程度还很低。以2015年以来的数据衡量，建筑行业整体数字化水平在22个细分行业中仅高于农业和屠宰业，位列倒数第二。数字化程度低，在一定程度上也如实反映了我国工程建设领域各自为政的管理现状，在信息共享方面制约了一体化建造技术的发展。

（5）企业管理创新能力薄弱。作为市场主体的建筑企业，长期在现行体制机制影响下，也缺乏应有的管理创新意识和创新能力，在企业组织架构设置、管理体系优化以及协同技术创新等方面，尚难以达到实施工程一体化建造的能力水平。

（6）一体化建造人才稀缺。我国工程建设领域高水平技术专家人才、建造管理人才、科技创新人才严重不足，而懂技术，晓经济、会管理的具有工程一体化建造能力的复合型、创新型人才尤其缺乏，且我国在工程施工环节，主要依赖于"知识不系统、离散度高"的农民工队伍。行业队伍整体素质不高，也在很大程度上制约了工程项目一体化建造水平。

1.3.3　分析与思考

（1）对存在问题的分析。当前，我国工程建设过程中存在的系统性差、碎片化严重的问题，追溯其原因主要有以下方面：

一是，受学习借鉴"苏联经验"的影响，在管理体制上从中华人民共和国成立初期就形成了条块分割。特别是行业划分的影响，建材行业与建筑行业管理分离，建筑设计、加工制造、施工建造分属不同行业，分业管理，造成互相分隔、各自为政。

二是，受我国早期计划经济时期政府统一管理的影响，计划经济时期建筑工程都是由政府主持建设，统一安排由不同专业公司完成不同阶段的任务，由此造成了设计、生产、施工各阶段相互脱节，产业链在技术和管理上整体上呈现"碎片化"的特征。

三是，受专业分工的影响，建筑、结构、机电设备、装饰装修等各专业之间协同不足，设计文件的完成度不高，专业之间错漏碰缺的问题较为普遍，专业之间缺少系统性、互补性的协同配合。

四是，进入市场经济以后，受房地产开发快速发展的影响，推出的大量"毛坯房"，导致建筑设计成果也基本是"半成品"，更加拉低了建筑设计的水平，导致建筑功能的不完整和建造过程的残缺。由于缺少整体的协同优化设计，极大阻碍了建造活动的产业化、社会化和工业化的发展进程。

（2）对提升建造水平的思考。综上分析，当前建筑行业发展的主要问题在于"系统性"与"碎片化"的矛盾。我国改革开放已经走过了40年，建筑业的某些系统性管理问题，依然延续着计划经济条件下形成的体制机制，这与新时代发展要求极其不相适应，制约了建筑业的转型升级和创新发展。

由此，我们可以清楚地认识到，当前制约建筑业向高质量发展的关键是各种技术要素均处于"碎片化"状态，缺乏系统性的整合，其发展的核心是如何实现"系统性"问题。因此，要推动建筑业的高质量发展，引领工程建造在绿色发展方向上寻求变革与提升，就必须要打破"碎片化"的管理现状，我们应将建筑作为一个复杂系统，实行"全系统、全过程、全产业链"的协同建造，以达到总体效果最优为目标。要采用系统集成的理论和方法，遵循"系统性"的发展思维，融合设计、生产、装配、管理及控制等要素手段，从多重维度强化一体化建造具体要求、丰富一体化建造表现内容，才能实现我国建筑工程高效率、高效益、高质量和高品质。

第 2 章

一体化建造内涵

2.1　一体化建造的基本概念

2.1.1　什么是一体化建造

一体化建造是指在房屋建造活动中，建立了以房屋建筑为最终产品的理念，明确了一体化建造的目标，运用系统化思维方法，优化并集成了从设计、采购、制作、施工等各环节的各种要素和需求，通过设计、生产、施工和高效管理和协同配合，实现了工程建设整体效率和效益最大化的建造过程。

一体化建造既包含技术系统的一体化，也包含管理系统的一体化，同时也包含技术与管理一体化的协同和融合。一体化建造充分体现了技术系统的协同性，建造过程的连续性，建造环节的集成化，工程管理的组织化。

从技术系统的一体化层面看，一体化具有系统化、集约化的显著特征，房屋建筑的主体结构系统、外围护系统、机电设备系统、装饰装修系统通过总体的技术优化，多专业之间的技术协同，并按照一定的技术接口和协同原则进行设计、生产和施工建造。

从工程管理的一体化层面看，一体化管理并不是一般意义上设计、采购、施工环节的简单叠加，更不是"大包大揽"，而是与技术深度融合的创新性管理，具有独特的管理内涵；是在新的技术条件下，运用一体化的管理协调和整合能力，对市场资源的掌握，以及对各专业分包企业的管理，并且在技术、管理以及组织、协调等各方面形成密切配合、有序实施和高效运营的管理模式。

2.1.2 一体化建造的内涵

一体化建造的本质是一种关于建造方式的方法论，该方法论是主要针对传统、粗放的建造方式提出的，包括生产组织模式、设计技术及方法、建造技术、专业协同、信息技术和集成技术等，涵盖了建造全过程、全方位、全系统最优化的解决方法。通过一体化建造方法解决建筑、结构、机电、装修专业的设计不协同；设计、生产、施工脱节；开发建设碎片化；管理机制条块分割；建造活动的责权利不明等问题。因此，一体化建造是建筑业向高质量发展的现实要求。

一体化建造建立了工程建造全过程、全方位、全系统最优化的建造方法。覆盖并适用于与工程建造活动有关的若干概念。从建造环节来看，包括建筑设计、产品采购、加工制造、现场施工和竣工交付运营等部分；从专业分工来看，包括建筑、结构、机电、内装、造价等专业；从生产关系来看，包括业主、投资者、顾问咨询、承建商、监管部门等。从广义上理解一体化建造，应该包括房屋建造全过程的所有内容和要素。从狭义上理解一体化建造，主要围绕从委托设计到竣工交付的建造全过程的专业分工合作及建造环节的协调配合问题。

2.1.3 一体化建造与传统建造方式的区别

一体化建造是以建筑为最终产品，采用全专业协同化、全过程一体化、全方位集成化的建造方法，对整个项目实行整体策划、全面部署、协同运营，围绕建筑的品质和性能目标，追求建造环节整体的质量和效益。而传统的建造方式是以现场手工作业为主，设计与生产、施工脱节，运营管理碎片化，追求各自承包商的个体效益。一体化建造与传统建造方式相比实现了房屋建造方式的创新和变革，全面提高建筑工程的质量、安全、效率和效益。一体化建造与传统建造方式之间的区别见表2-1。

一体化建造与传统建造方式之间的区别　　　　表 2-1

内容	传统建造方式	一体化建造方式
设计阶段	不注重建筑整体设计； 设计各专业协同性差； 设计与施工相脱节； 以满足规范为标准	标准化、一体化设计； 信息化技术协同设计； 设计与施工紧密结合； 在规范基础上，强调质量和效益
施工阶段	被动地照图施工； 大量的变更设计	设计施工一体化、构件生产工厂化、现场施工装配化、施工队伍专业化
装修阶段	以毛坯房为主 采用二次装修	集成定制化部品、现场快捷安装，装修与主体结构一体化设计、施工
验收阶段	竣工分部、分项抽检	全过程质量检验、验收
管理阶段	以包代管、专业化协同弱； 依赖农民工劳务市场分包； 追求设计与施工各自效益	工程总承包管理模式； 全过程的信息化管理； 项目整体效益最大化

2.2　一体化建造的系统论

2.2.1　系统工程理论

"系统工程"是实现系统最优化的管理工程技术理论基础，发端于二战之后，是二战后人类社会若干重大科技突破和革命性变革的基础性理论支撑和方法论。比如美国研制原子弹的曼哈顿计划和登月火箭阿波罗计划就是系统工程的杰作。我国两弹一星以及运载火箭等重大项目的成功，也是受惠于钱学森先生将系统工程的理论和方法引入并结合了我国国情的需要。今天，我们发展装配式建筑，就是要向制造业学习，建立起工业化的系统工程理论基础和方法，将装配式建筑作为一个完整的建筑产品来进行研究和实践，形成以达到总体效果最优为目标的理论与方法，才能实现装配式建筑的高质量、可持续发展。基于上述原因，应该有针对性地将一体化建造方法作为一个系统工程来研究和实践，并遵循以下原则：

（1）一体化建造的系统工程研究应采用先决定整体，后进入部分的步骤。即先进行建筑系统的总体设计，然后再进行各子系统和具体问题的研究。

（2）一体化建造的系统工程方法应该以整体质量、效率和效益最佳为目标，通过综合、系统的分析，利用信息化手段来构建系统模型，优化系统结构，使之整体最优。

（3）一体化建造应做到近期利益与长远利益相结合，社会效益、生态效益与经济效益相结合。

（4）一体化建造应该以"三个一体化"的系统思想为指导，综合集成各学科、各领域的理论和方法，实现专业间不同阶段的融合、跨界、集成创新。

（5）一体化建造研究强调多学科协同，应按照"系统工程"的要求组成一个专业配套度高，知识结构合理的共同体并采取科学合理的协同方式。

（6）一体化建造的各类系统问题均可以采用系统工程的方法，本方法具有广泛的适用性。

（7）一体化建造应该用数学模型和逻辑模型来描述系统，通过模拟反映系统的运行，求得系统的最优组合方案和最优的运行方案。

2.2.2 系统设计理念

系统工程理论是装配式建筑设计的基本理论。在装配式建筑设计过程中，必须建立整体性设计的方法，采用系统集成的设计理念与工作模式。系统设计应遵循以下原则：

（1）要建立一体化、工业化的系统方法。设计伊始，首先要进行总体技术策划，要先决定整体技术方案，然后进入具体设计，即先进行建筑系统的总体设计，然后再进行各子系统和具体分部设计。

（2）要把建筑作为整体的对象进行一体化设计。装配式建筑设计应实现各专业系统之间在不同阶段的协同、融合、集成，实现建筑、结构、机电、内装、智能化、造价等各专业的一体化集成设计。

（3）要以实现工程项目的整体最优为目标进行设计。通过综合各专业的系统，进行分析优化，采用信息化手段来构建系统模型，优化系统结构和功能质量，使之达到整体效率、效益最大化。

（4）要采用标准化设计方法，遵循"少规格、多组合"的原则进行设计。需要建立建筑部品和单元的标准化模数模块、统一的技术接口和规则，实现平面标准化、立面标准化、构件标准化和部品标准化。

（5）要充分考虑生产、施工的可行性和经济性。设计要充分考虑构件部品生产和施工的可行性因素，通过整体的技术优化，进而保证建筑设计、生产运输、施工装配、运营维护等各环节实现一体化建造。

2.2.3 技术系统构成

对于建筑技术系统的构成，按照系统工程理论，可将建筑看作一个由若干子系统"集成"的复杂"系统"，主要包括主体结构系统、外围护系统、内装修系统、机电设备系统四大系统，如图 2-1 所示。其中：

（1）主体结构系统

主体结构系统按照建筑材料的不同，可分为混凝土结构、钢结构、木结构建筑和各种组合结构。其中，混凝土结构是建筑中应用量最大、涉及建筑类型最多的结构体系，包括：框架结构体系、剪力墙结构体系、框架 - 现浇剪力墙（核心筒）结构体系等。

（2）外围护系统

外围护系统由屋面系统、外墙系统、外门窗系统等组成。其中，外墙系统按照材料与构造的不同，可分为幕墙类、外墙挂板类、组合钢（木）骨架类等多种装配式外墙围护系统。

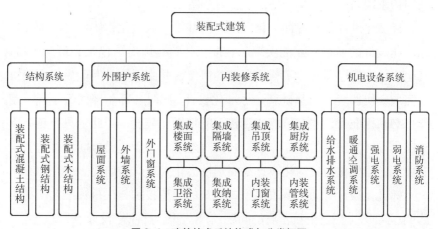

图 2-1 建筑技术系统构成与分类框图

（3）内装修系统

内装修系统主要由集成楼地面系统、隔墙系统、吊顶系统、厨房、卫生间、收纳系统、门窗系统和内装管线系统8个子系统组成。

（4）机电设备系统

机电设备系统包括给水排水系统、暖通空调系统、强电系统、弱电系统、消防系统和其他系统等。

2.2.4　系统设计方法

（1）标准化设计

标准化设计是装配式建筑工作中的核心部分。标准化设计是提高装配式建筑的质量、效率、效益的重要手段；是建筑设计、生产、施工、管理之间技术协同的桥梁；是装配式建筑在生产活动中能够高效率运行的保障。因此，发展装配式建筑必须以标准化设计为基础。

发展装配式建筑是建造方式的重大变革，是以标准化、信息化的工业化生产方式代替粗放的半手工、半机械建造方式。装配式建筑通过设计标准化、生产工厂化、建造装配化，实现建造全过程工业化，优化整合产业链的各个环节，实现项目整体效益最大化。

标准化设计方法的建立，是实现建筑标准化、系列化和集约化的开始，有利于建筑技术产品的集成，实现从设计到建造，从主体到内装，从围护系统到设备管线全系统、全过程的工业化。

标准化设计是实现社会化大生产的基础，专业化、协作化必须要在标准化设计的前提下才能实现。装配式建筑是以房屋建筑为最终产品，其生产、建造过程必须实行多专业的协作，并由不同的专业生产企业协作完成，协调统一的基础就是标准化设计；同时，部品部件的生产、制作也必须标准化，才有可能达到较高的精细化程度。因此，只有建立以标准化设计为基础的工作方法，装配式建筑的工程建设才能更好地实现专业化、协作化和集约化，这是实现社会化大生产的前提。

标准化设计有助于解决装配式建筑的建造技术与现行标准之间的不协调、不匹配、甚至相互矛盾的问题；有助于统一科研、设计、开发、生产、施工和管理等各个方面的认识，明确目标，协调行动，进而推动装配式建筑的持续、健康发展。

（2）一体化设计

一体化设计，也叫做集成设计，是指以设计的房屋建筑为完整的建筑产品对象，通过建筑、结构、机电、内装、幕墙、经济等各专业实现一体化协同设计，并统筹建筑设计、部品生产、施工建造、运营维护等各个阶段，充分考虑建筑全寿命周期的问题。

一体化协同设计采用建筑信息模型（BIM）技术，能够实现各专业之间的高效协同与配合。一方面，一组协同的 BIM 模型可被各个专业共同使用，能够完整地描述工程设计对象，真实反映建筑产品的信息。BIM 技术为建筑工程提供了一种基于计算机模拟的可视化建筑模型，帮助各专业改进和优化设计，提高设计、施工和运维的质量，减少浪费，创造价值。另一方面，BIM 技术可以作为沟通协同的工作方式，为建筑产品提供了多方可以在同一个平台上协作的工作平台，创造了一种新型的项目管理和协作模式。

一体化设计在工程项目的各个设计阶段，应充分考虑装配式建筑的设计流程特点及项目技术经济条件，对建筑、结构、机电设备及室内装修进行统一考虑，保证室内装修设计、建筑结构、机电设备及管线、生产、施工形成有机结合的完整系统，实现装配式建筑的各项技术系统得到协同和优化。

（3）系列化设计

系列化设计是标准化设计的延展。通过分析同类建筑的规律，分析其功能、需求、构成要素和技术经济指标，归纳总结出结构基本型式、空间组合关系、立面构成逻辑、机电设备选型和内装部品组合，并做出合理的选择、定型、归类和规划，这一过程即为系列化设计。系列化设计包括模数协调系列、建筑标准系列，以及系列设计等内容。

装配式建筑的系列化设计与工业产品的系列化设计相比，内容更加宽泛，既可以是整体的系列化方式，也可以是部分的系列化方式。比如，保障性住房基于面积划分的套型系列，既包括住宅面积、空间、配套等的系列化，也包括机电设备、装饰装修等的系列化。许多房地产开发企业会界定不同的投资标准、建设标准和售价标准，制订不同的产品系列。

建筑系列化首先需要选择对建设对象起到主导作用的参数，如造价、性能、配置等，然后对这些参数进行分档、分级，确定合理的规格、形制和建设标准，以满足建设和使用的需要，并为指导用户选择提供依据，并用于指导设计、生产、施工和销售。系列化设计就是实现建筑系列化的设计过程。

（4）多样化设计

纵观建筑发展史，建筑多样化是人类的不同种群在多样化的自然环境中发展演变而形成。最早的"巢居"、"穴居"、"棚屋"、"干栏式房屋"等作为庇护所的建筑，均是人类的祖先利用其现有的生存条件，因地制宜发展起来的。人类生存环境的多样化，造就了古代建筑的多样化。以古希腊、古罗马、古代中国等为代表的经典建筑，就是这些地区受到气候、水文、地理、建材、资源环境等物理条件和种族、宗教、战争、灾害等历史条件的影响而产生的建筑多样化典范。

近现代以来，随着人类社会的发展进步，在工业化、信息化和互联网等的冲击下，以地球村为特点的全球化浪潮，削弱了人类文化的多样性。在此背景下，日益活跃的全球化建筑活动，形成了"国际式"、"千城一面"、"千篇一律"等与建筑多样化相对立的建筑现象。因此，建筑创作需要更加关注地域性、历史性、民族性、人文性的元素，在全球化浪潮中保持建筑的本土性和多样化。

在装配式建筑发展中，"多样化"与"标准化"是对立统一的矛盾体，既要坚持建筑标准化，又要做到建筑多样化，的确不易。梁思成先生在《千篇一律与千变万化》一文中的论述，比较清楚地说明了标准化和多样化的辩证关系，"在艺术创作中，往往有一个重复和变化的问题，只有重复而无变化，作品就必然单调枯燥；只有变化而无重复，就容易陷于散漫零乱"。在建筑创作中，标准化就像七个音符和各种音调，多样化就像用这些音符和音调谱成的乐章，既有标准和规律，又能做到千变万化。建筑标准化包括建筑功能多样化、空间多样化、风格多样化、平面多样化、组合多样化和布局多样化等。

2.3 "三个一体化"的建造方式

按照系统工程理论方法，装配式建筑需要遵循"建筑、结构、机电、装修一体化，设计、生产、施工一体化，技术、管理、市场一体化"（简称三个一体化）的建造方式。主要解决三个制约装配式建筑发展的关键问题：一是建筑、结构、机电设备、装饰装修各专业之间缺乏协同设计，只重视结构的装配化，不注重建筑围护系统、内装系统和机电设备系统的集成和配合，影响装配式建筑技术持续发展的问题；二是建筑设计、加工制造、装配施工各自分隔，设计不能满足工厂加工生产和现场装配施工的需要的问题；三是传统的施工组织管理模式下，产业链碎片化割裂严重，生产关系不能适应产业健康发展的需要，没有实现技术、管理、市场的有效整合问题。

2.3.1 建筑、结构、机电、装修一体化

从系统化设计角度，建筑、结构、机电、装修一体化主要解决工程设计层面的专业协同问题。在工程设计过程中，通过建筑、结构、机电、装修等各专业的一体化设计，主要是解决各专业技术之间的协同配合，设计出完整的最终产品（建筑）。在设计过程中通过建立标准化的模数、模块，形成统一的技术接口和规则，实现建筑、结构、机电、装修之间的专业协同；在实施路径上，通过采用 BIM 信息化手段，确保各个专业在同一个虚拟模型上统一设计，实现建筑结构、机电设备和装饰装修的一体化，最终形成完整的高质量的设计产品。

2.3.2 设计、生产、施工一体化

从工程建设角度，设计、生产、施工一体化主要解决工程建造全过程的协调配合问题。在工程建设中，需要各主要环节之间的协调配合，解决技术链之间的有效衔接，形成高度的组织化管理，向管理要效率和效益。通过切实可行的高效管理方法，解决设计、制作、施工之间相互脱节，各分包企业之间相互"扯皮"的问题，并将会有效地消解工厂化、装配化带来的增量成本，减少过程中的浪费，大幅度地提升工程建设的

效率和效益。

2.3.3　技术、管理、市场一体化

从产业化发展角度，技术、管理、市场一体化主要解决以包代管的传统模式下，产业链碎片化割裂严重，生产关系不能适应产业健康发展的需要，没有实现技术、管理、市场的有效整合问题。一直以来，我国建筑企业的技术与管理"两层皮"，技术是技术，管理是管理，技术研究缺乏与管理体系的融合，缺乏市场的需求研究，造成技术成果难以转化，技术成果和管理体系形成了束之高阁，可持续发展的能力不强。要提高企业自身的可持续发展的能力，解决管理和运行机制不适合技术发展和市场需求的问题，需要实现"管理、技术和市场的一体化"。

一体化建造是发展观的深刻变革。一体化建造方式具有工业制造的特征，所以需要建立以建筑为最终产品的系统工程理念，用工业化的设计思维和方法来建造房屋。一体化的建造过程是一个产品生产的系统流程，要通过建筑师对建造全过程的控制，进而实现工程建造的标准化、一体化、工业化和高度组织化。毫无疑问，倡导一体化建造既是一场建造方式的大变革，也是生产方式的革新，更是实现我国建筑业转型和创新发展的必由之路。

第 3 章

建造方式的变革

　　近年来，发展装配式建筑受到了党中央国务院的高度重视，2016 年 3 月，中共中央国务院《关于进一步加强城市规划建设管理工作的若干意见》（中发〔2016〕6 号）文件，首次提出"发展新型建造方式。大力发展装配式建筑……"。2016 年 9 月，国务院办公厅《关于大力发展装配式建筑的指导意见》（国办发〔2016〕71 号）文件中，明确指出"发展装配式建筑是建造方式的重大变革"。为建筑业在新时期从过去追求规模和速度转向追求质量和效益，指明了发展方向。发展装配式建筑是建造文明的发展进程，装配式建造与传统建造方式相比具有一定的先进性、科学性，这一新的建造方式不仅表现在建造技术上，更重要体现在采用工业化建造方式来实现房屋建筑的一体化建造，在企业的经营理念、组织内涵和核心能力方面发生了根本性变革，是一场生产方式的革命。

3.1　装配式建筑

3.1.1　装配式建筑的基本概念

　　装配式建筑一般可以从狭义和广义两个不同角度来理解或定义。

　　（1）从狭义上理解和定义

　　装配式建筑是指用预制部品、部件通过可靠的连接方式在工地装配而成的建筑。在通常情况下，从微观的技术角度来理解装配式建筑，一般都按照狭义上理解或定义。

（2）从广义上理解和定义

装配式建筑是指用工业化建造方式建造的建筑。工业化建造方式应具有鲜明的工业化特征，各生产要素包括生产资料、劳动力、生产技术、组织管理、信息资源等在生产方式上都能充分体现专业化、集约化和社会化。从装配式建筑发展（目的是建造方式的重大变革）的宏观角度来理解装配式建筑，一般按照广义上理解或定义更为明确和清晰。

3.1.2　装配式建筑的基本特征

装配式建筑集中体现了工业化建造方式，其基本特征主要体现在：标准化设计、工厂化生产、装配化施工、一体化装修和信息化管理。

（1）标准化设计

标准化是装配式建筑所遵循的设计理念，是工程设计的共性条件，主要是采用统一的模数协调和模块化组合方法，各建筑单元、构配件等具有通用性和互换性，满足少规格、多组合的原则，符合适用、经济、高效的要求。

（2）工厂化生产

采用现代工业化手段，实现施工现场作业向工厂生产作业的转化，形成标准化、系列化的预制构件和部品，完成预制构件、部品精益制造的过程。

（3）装配化施工

在现场施工过程中，使用现代机具和设备，以构件、部品装配施工代替传统现浇或手工作业，实现工程建设装配化施工的过程。

（4）一体化装修

一体化装修是指建筑室内外装修工程与主体结构工程紧密结合，装修工程与主体结构一体化设计，采用定制化部品部件实现技术集成化、施工装配化，施工组织穿插作业、协调配合。

（5）信息化管理

以 BIM 信息化模型和信息化技术为基础，通过设计、生产、运输、装配、运维等全过程信息数据传递和共享,在工程建造全过程中实现协同设计、协同生产、协同装配等信息化管理。

3.1.3　装配式建筑的发展内涵

　　发展装配式建筑是建造方式的重大变革,是从传统建造方式向新型工业化建造方式的转变,是新时代我国建筑业从高速增长阶段向高质量发展阶段转变的必然要求,是贯彻落实新发展理念、推进供给侧结构性改革、培育新产业新动能、促进建筑业转型升级的重要举措。有利于节约资源能源、减少环境污染;有利于提升劳动生产效率和质量安全水平;有利于促进建筑业与信息化工业化深度融合。

　　装配式建筑是以建筑为最终产品,强调标准化、工厂化和装配化,以及室内装修与主体结构一体化,具有系统化、集约化的显著特征。装配式建筑建造的全过程是运用工业化的理念,采用标准化设计方法,通过建筑师对全过程的控制,进而实现工程建造方式的工业化,以及建筑产业的现代化。

3.1.4　装配式建筑发展中存在的问题

　　装配式建筑是采用工厂预制的部品、部件,在现场装配而成的建筑。具有质量好、性能高、节省人工、减少浪费的优点。但是,由于装配式建筑发展尚处于起步阶段,技术体系不成熟,管理体系不完善,企业能力不强,产业工人缺失,监管制度不到位等问题,造成了工程建设成本高,效率低,效益差,精细化程度不高,质量得不到有效提升,甚至存在质量隐患等问题。其根本原因是指导思想不明确,为了预制而预制,建造方式没有得到真正的转变。上述表征的问题,只是当前装配式建筑发展中的一些现象,通过挖掘其本质和根源,我们发现,其背后实质是三个方面的问题:

　　一是,全专业分拆的问题。建筑深化设计单纯注重研究结构构件的预制装配,忽视了建筑、机电和装修的系统集成,没有将建筑作为完整的产品一体化集成设计。各个系统不协调、不统一,使装配式建筑变成只是部分主体构件的装配,不是整个工程的预制装配,包括装饰装修、机电设备等建筑部品部件配套发展。

二是，全过程脱节的问题。全流程纵向上的各建造环节脱节，相互间缺乏良好的协同，使得设计、生产、施工、运维全流程的每个环节都要进行信息的重建和系统的重建，造成资源、资金、时间和人力的浪费。突出表现在现有的结构构件设计不从源头考虑如何方便加工和装配，标准化程度低，没有实现装配式建筑一体化，没有发挥出装配式建筑设计对部品部件生产、安装施工、装修统筹和指导作用。

三是，生产组织模式缺乏统筹的问题。生产组织不能摆脱以包代管的旧生产关系，不能支持建造方式的变革，代表先进生产力的新技术发展受到严重束缚，制约了装配式建造方式的发展。

总体而言，装配式建筑一体化建造要解决的问题很多，针对不同的工程项目有其共性的问题，也存在个性的问题，可以针对具体问题，采用上述方法加以解决。在工程建设领域，尤其是装配式建筑领域，上述问题归总为一个"系统性"的问题：装配式建造方式虽然具备若干先天优势。当前，国家从绿色化、工业化、信息化三化融合，在城乡建设领域实现绿色发展，建设美丽中国的高度积极推进，鼓励发展装配式建筑。但由于没有用系统工程的理论来指导装配式建造方式的研究和实践，导致装配式建筑的各个技术要素碎片化，整体性差，缺乏系统设计和统筹协同。因此，装配式建筑需要真正实施一体化建造。

3.2　建造方式变革

发展装配式建筑是建造方式的重大变革，这种变革是指从传统建造方式向新型工业化建造方式转变。在这场革命性的变革发展中，这一新型建造方式与传统建造方式相比，不仅表现在设计、生产、施工以及核心业务上，更重要体现在经营理念、技术创新、组织内涵和核心能力方面发生了根本性变革。

3.2.1　经营理念的变革

在经营理念方面，必须要树立以房屋建筑为最终产品的理念，以实现工程项目的整体效益最大化为经营目标的指导原则。一直以来，建筑业在房屋建造活动中，由于受到体制条块分割、开发建设碎片化管理的影响和制约，建筑企业的经营活动大多都局限在特定的范围，生产经营的产品都是房屋建设的局部或某一环节，产生的效益也是局部效益，并且已经形成了惯性思维和经营理念。然而，这样的经营理念和经营方式对于一个整体建筑来说，其建造结果是产生诸多的质量、品质、效率、效益不高问题的主要原因。因此，在我国经济由高速增长阶段向高质量发展阶段转变的新时代，房屋建造活动必须要转变经营理念。

3.2.2　建造技术的变革

在技术创新方面，主要是摆脱传统的建造技术，走新型建筑工业化的技术路径。目前我国许多建筑企业在同一层次竞争，企业技术水平差距小、特色不显著、缺乏企业的核心技术。因此，技术创新发展的重点是研究建立建筑、结构、机电、装修一体化的集成技术体系。集成技术体系的建立，不能仅仅停留在主体结构的技术系统层面上，必须研究标准化、一体化和信息化的设计方法，了解并掌握与主体结构相适应的预制部品、部件生产工艺，形成一整套成熟适用的建造工艺、工法，建立切实可行的全过程的质量检验、验收保障措施。

3.2.3　组织内涵的变革

在组织内涵方面，主要是建立了对整个工程项目实行整体策划、全面部署、协同运营的工程项目管理体系。工程项目管理体系是构成企业工程项目管理功能的各要素的集合，包括组织机构设置、职责界面划分、基础资源保障、作业流程指导标准等内容。运用工程项目管理体系，将过去分阶段分别管理的模式变为各阶段通盘考虑的系统化组织管理模式。通过对整个工程项目的整体构思、系统组织、全面安排、协调运行的前后衔接的过程，对项目的各种资源进行合理协调和配置，以保证项目目标的成功实现。

3.2.4　核心能力的变革

在核心能力方面，重点体现在技术产品的集成能力和组织管理的协同能力，并具有独特性。在技术集成能力方面，要着力打造技术密集型企业，培育并建立技术研发团队，研究掌握企业专用的核心技术体系，不断提升企业的技术集成能力。在组织管理方面，一方面要完善组织结构，建立企业运营管理体系，同时要在此基础上，建立企业级信息化管理平台，通过采用信息化手段，整合优化企业内部的各信息资源，实现大数据下的信息协同、数据共享，提升企业运营管理的协调和整合能力。

传统建造方式具有很强的路径依赖性，其技术、利益、观念、体制等都顽固地存在保守性。尤其是"乙方"向"甲方"转型、"工地"向"工厂"转型、"分包"向"总包"转型，特别是从传统建造方式向新型工业化建造方式变革中面临着巨大挑战。

第 4 章

一体化建造流程

流程是一体化建造过程的基础，房屋建造过程的高效运行需要流程来驱动和协同运营。一体化建造的思维方法，必须要融入房屋建造活动的全流程，才能发挥其一体化的优势和作用。一体化建造全流程涉及产业链的不同环节、不同阶段，涉及参与建造活动的不同专业、不同岗位和不同企业。如何建立科学合理的系统流程，实现生产活动的信息高速运转和有效传递，关键是"协同"，其核心内容是协同工作流程的建立与管理。

4.1 一体化建造协同原则

4.1.1 三个统一的原则

一体化建造全流程协同应该坚持三个统一的原则：统一的技术标准、统一的管理标准和统一的协同工具。

（1）统一技术标准

统一的技术标准是一体化建造全流程协同的核心。建筑设计、加工制作、装配施工三个环节以及建筑、结构、机电、装修四个设计专业之间的协同，必须是统一的技术标准，才能保障全产业链社会化分工后的无缝对接和无障碍集成。

设计采用的技术与标准应与构件加工的技术与工艺标准相匹配，设计图样才能被加工岗位人员和机械设备所完全读取和正确理解，构件才能在现有生产工艺、生产设备和模具工装上进行加工，针对构件的过程管理和质量验收才能符合现行技术体系。

设计采用的技术与标准应与现场施工的工艺、工法相结合，设计要贯穿施工的全过程，现场吊具设备、工具工装也应与构件、部品部件配套，现场的政府监管体系、监理管理体系、质量验收和安全管理才可以无阻碍运行。

构件的生产加工技术标准应与现场装配标准统一，从而形成各方均能接受的构件进场验收结论，现场技术人员可直接理解各种预留预埋并保证与现场的其他管线、部件完全匹配对接。

（2）统一管理标准

一体化建造全流程的管理链条包含多个管理岗位及管理流程线，在全过程需要采集、产生、处理、输入、输出海量信息，必须从全局层面设定统一的管理流程、管理岗位和信息格式。

固化管理流程可提高工作效率，实现各岗位的标准化职责，避免岗位人员变动带来的管理全链条"卡顿"，保障各种管理信息均按照标准化的格式采集、处理和应用输出。

固化管理岗位可实现管理链条的标准化、社会化分工，降低人员流动带来的效率影响，在不同岗位间的信息传递可无障碍对接。

标准化信息格式是指管理流程和管理岗位的各项数据信息、表格的规范化，极大提高信息利用效率，便于信息的采集、处理和应用，同时也便于各种信息全过程追溯，以单点的标准化信息保障整个工程项目质量、安全、进度、成本等目标顺利实现。

（3）统一协同工具

当前 BIM 信息化技术大规模运用于工程管理，一体化建造的主要协同工具已经由传统纸质表格升级为各类电子类图样数据。而各类设计软件、加工数控软件、工程管理软件既各有特点又采用不同数据标准，信息的有效传递和充分利用仍有待进一步完善，针对具体工程项目必须统一协同工具。

作为 EPC 工程总承包方应在工程项目开工之前，进行全流程软件工具策划，统一好各专业、各环节的应用软件，充分掌握不同软件之间数据传输的有效对接性，避免"另起炉灶"重新用一套软件建模，造成大量的人力浪费。

同时，在过程管理的信息采集和输出工具，如扫码机、图像仪、RFID 芯片等，应做到统一，保证信息归集处理的顺畅。

4.1.2　工程建造统筹管理原则

（1）工程建造组织化

工程项目实施高度组织化管理，是实现一体化建造的重要前提，通过高度组织化管理可以整合产业链上下游的分工，解决工程建设切块分割、碎片化管理问题，将工程建设全过程联结为一体化的完整产业链，促进生产关系与生产力相适应，技术体系与管理模式相适应，以实现资源优化配置。

一体化建造是以设计为主导，全面统筹采购、制造、装配，实现统一策划、统一组织、统一指挥、统一协调，局部服从全局、阶段服从全过程、子系统服从大系统，尽力实现在总承包方统筹管理下的设计、采购、制造、装配等各方的高度融合，实现工程建设高度组织化。

（2）工程建造系统化

一体化建造的优势在于系统性的管理，在产品的设计阶段，统筹分析建筑、结构、机电、装修各子系统的制造和装配环节，各阶段、各专业的技术和管理信息前置化，进行全过程系统性策划，设计出模数化协调、标准化接口、精细化预留预埋的系统性建筑产品，满足一体化、系统化的设计、生产、装配要求。

工程建造系统化集成了设计、生产、装配技术。通过全过程多专业的技术策划与优化，结合工业化生产方式特点，以标准化设计为准则，实现产品标准化、制造工艺标准化、装配工艺标准化、配套工装系统标准化、管理流程标准化。在标准化的基础上，实现设计的产品便于工厂规模化生产和现场高效精细化装配，充分体现了一体化建造的优势。

（3）工程建造流程化

建立科学合理的流程化管理，是保证设计、采购、制造、施工环节无缝衔接的重要措施。工程项目应建立在一个流程管理下的内部协调系统，围绕工程建造的整体目标，系统配置资源统筹部署、协调、管控。工程项目各参与方均在统一流程管理的统筹下处于各自管理系统的主体地位，围绕项目整体目标，实现各自系统的管理子目标，使工程建设项目的效率和效益大幅提高。

4.2 一体化建造设计流程

4.2.1 设计流程分析

（1）一般的建筑设计流程

一般的建筑设计过程可以分为三个阶段——前期阶段、设计阶段和服务配合阶段。前期阶段主要是确认设计任务，明确成果提交的标准、类型和数量等信息，一般以签订设计合同作为本阶段结束的标志，同时也是设计阶段的开始。设计阶段一般分为方案设计、初步设计（或扩大初步设计）、施工图设计三个阶段，这个阶段以交付完成的施工图样为标志。服务配合阶段一般指交付正式的施工图样到竣工验收之间，配合工程招标、技术交底、确定样板、分部分项验收，直至竣工验收等一系列的设计延伸服务工作。因此，一般设计项目的流程可按以下简图表示（图4-1）。

图4-1 一般建筑项目设计流程图

在实际工作中，许多建筑项目被切割成多个不同的段落（图4-2），不同的设计单位负责不同的任务。如果项目的管理者有很强的组织和统筹能力，这样的建筑项目往往能够取得不错的结果。但是，很多项目的统筹管理并不理想，结果管理的"碎片化"导致大量的冲突，重复工作、大量变更的情况比比皆是，项目超支、质量低下的情况也是普遍现象。

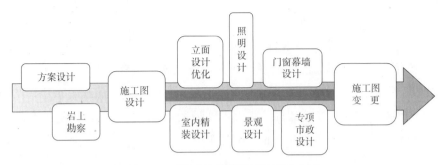

图 4-2　现行建筑项目设计管理碎片化图

（2）一体化建造设计流程

一体化建造设计与一般建筑相比，涉及的专业更多，除了建筑、结构、给水排水、暖通、电气五个专业外，在设计流程上多了两个环节——建筑技术策划和部品部件深化与加工设计（图 4-3），还需要增加室内、幕墙、部品部件和造价等四个专业，进行同步协同设计（图 4-4）。

图 4-3　装配式建筑设计流程图

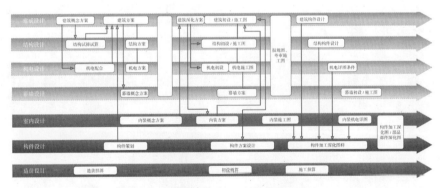

图 4-4　装配式建筑多专业协同设计流程图

一体化建造设计应按照项目系统管理的理论，采用项目管理的工具和方法进行组织和协调。由于装配式建筑的部品部件主要在工厂生产，这就要求在生产之前部品部件的设计必须完成。一旦启动了生产，临时的变更就会因为高昂的代价而不具备可行性或带来巨大的成本增加与资源浪费。因此，部品部件的设计成为生产之前最重要的一个控制因素。相反，一般的现浇建筑，只要还没有施工，就有可能实现低成本乃至无成本更改。装配式建筑的部品部件不能随意更改的特点，恰恰是工业化流水线生产的基本要求。因此，设计工作必须协同进行。

对于装配式混凝土建筑来说，预制混凝土构件，受到设备管线预埋的制约，室内装修的施工图设计要求在构件深化设计进行之前应该完成。同样在主体结构上需要为外墙部件预留和预埋的连接件，也应在预制混凝土构件生产前做好设计，因此外墙的深化设计也要在结构构件深化设计之前确定下来。一般来说，在建筑概念方案设计时，室内装修和外墙的设计工作就已经开始启动；建筑初步设计开始前，室内装修方案应已确定。

一体化建造的设计组织可以利用专门的项目管理软件，将9个专业的工作流程进行协同管理。重点需要关注的是专业之间的互提条件接口，控制好这些关键点，装配式建筑的设计就会比较顺畅，反之，工作就很容易陷入"打乱仗"的状态（图4-5）。

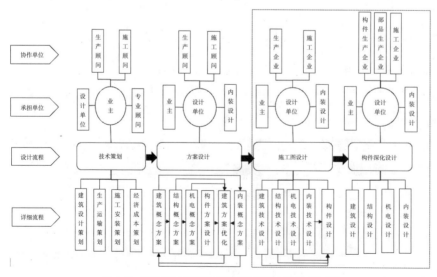

图 4-5　建筑设计不同阶段相关方的参与和作用框图

4.2.2　一体化建造设计要求

（1）方案阶段协同设计要点

建筑、结构、设备、装修等各专业在设计前期即应密切配合，对构配件制作的经济性、设计是否标准化以及吊装操作可实施性等作出相关的可行性研究。

在保证使用功能的前提下，平面设计要最大限度地提高模块的重复使用率，减少部品部件种类。立面设计要利用预制墙板的排列组合，充分利用装配式建造的技术特点，形成立面的独特性和多样性。在各专业协同的过程中，使建筑设计符合模数化、标准化、系列化的原则，既满足功能使用的要求，又实现装配式建筑技术策划确定的目标。

（2）初步设计阶段协同设计要点

初步设计阶段，对各专业的成果做进一步的优化和深化，确定建筑的外立面方案及预制墙板的设计方案，结合预制方案调整最终的立面效果，以及在预制墙板上考虑强弱电箱、预埋管线及开关点位的位置。装修设计需要提供详细的家具设施布置图，用于配合预制构件的深化。初步设计阶段要提供预制方案的"经济性评估"，分析方案的可实施性，并确定最终的技术路线。其协同设计要点如下：

1）根据前期方案阶段的技术策划，满足国家和地方的相关政策和标准，确定最终的装配化指标；

2）在总图设计中，充分考虑构件运输、存放、吊装等因素对场地设计的影响；

3）结合起重机的实际吊装能力、运输能力的限制等多方面因素，对预制构件尺寸进行优化调整；

4）从生产可行性、生产效率、运输效率等多方面对预制构件进行优化调整；

5）从安装的安全性和施工的便捷性等多方面对预制构件进行优化调整；

6）从单元标准化、套型标准化、构件标准化等多方面对预制构件进行优化调整；

7）结合结构选型方案确定外墙选用的装配方案，从反打面砖、反打石材、预喷涂料等做法中确定预制外墙饰面的做法；

8）结合节能设计，确定外墙保温做法；

9）从建筑与结构两个专业的角度对连接节点的结构、防水、防火、隔声、节能等各方面的性能进行分析和研究；

10）通过优化和深化，实现预制构件和连接节点的标准化设计；

11）结合设备和内装设计，确定强弱电箱、预埋管线及开关点位的预留位置。

（3）施工图阶段协同设计要点

施工图阶段，按照初步设计确定的技术路线进行深化设计，各专业与构件的上下游厂商加强配合，做好深化设计，完成最终的预制构件的设计图，做好构件上的预留预埋和连接节点设计，同时增加构件尺寸控制图、墙板编号索引图和连接节点构造详图等与构件设计相关的图样，并配合结构专业做好预制构件结构配筋设计，确保预制构件最终的图样与建筑图样保持一致。施工图设计阶段的协同设计要点如下：

1）预制外墙板宜采用耐久、不易污染的装饰材料，且需考虑后期的维护；

2）预制外墙板选用的节能保温材料应便于就地取材，满足保温隔热要求；

3）与门窗厂家配合，对预制外墙板上门窗的安装方式和防水、防渗漏措施进行设计；

4）现浇段剪力墙长度除满足结构计算要求外，还应符合模板施工工艺和轻质隔墙板的模数要求；

5）根据内装和设备管线图，确定预制构件中预埋管线和预留洞等的位置；

6）对管线较集中的部位进行管线综合设计，同时根据内装施工图样对整体机电设备管线进行设计，并在预制构件深化设计中预留预埋；

7）对预埋的设备及管道安装所需要的支吊架或预埋件进行定位，支吊架应耐久可靠；支架间距应符合设备及管道安装的要求。穿越预制板、墙体和梁的管道应预留洞口或套管。

（4）构件深化阶段协同设计要点

预制构件的深化设计是装配式建筑独有的设计阶段，应在施工图完成之后或与施工图同步进行深化设计。设计时，不仅需要建筑、结构、机电、内装等专业之间的协同，也需要与生产加工企业、施工安装企业进行协同。构件深化设计需要注意的要点有：

1）建筑、机电专业应在预制构件上提供预留的给水排水管洞，排风洞，燃气管洞、空调洞、排烟洞等洞口的准确定位及尺寸；

2）机电专业宜尽量将电盒预留在现浇混凝土位置，预留在预制构件上的电盒应准确定位。机电管线穿过预制构件时，应预留孔洞；

3）预制构件中应预留建筑外挂板所需的预埋件；

4）构件加工及施工过程中需要的吊装、安装、支撑、爬架等预埋件应进行预留预埋。

（5）室内装修协同设计要点

装配式建筑的内装设计应符合建筑、装修及部品一体化的设计要求。部品设计应能满足国家现行的安全、经济、节能、环保标准等方面的相关要求，应高度集成化，宜采用干法施工。装配式建筑内装修的主要构配件宜采用工厂化生产，非标准部分的构配件可在现场安装时统一处理。构配件须满足制造工厂化及安装装配化的要求，符合参数优化、公差配合和接口技术等相关技术要求，提高构件可替代性和通用性。

内装设计应强化与各专业（包括建筑、结构、设备、电气等专业）之间的衔接，对水、暖、电、气等设备设施进行定位，避免后期装修对结构的破坏和重复工作，提前确定各点位的定位和规格，提倡采用管线与结构分离的方式进行内装设计。内装设计通过模数协调使各构件、部品与主体结构之间能够紧密结合，提前预留接口，便于装修安装。墙、地面所用块材提前进行加工，现场无需二次加工，直接安装。

4.3 构件制作工艺流程

4.3.1 构件制作工艺流程

自动化生产线一般分为八大系统：钢筋骨架成型、混凝土拌合供给系统、布料振捣系统、养护系统、脱模系统、附件安装与成品输送系统、模具返回系统、检测堆码系统等。

在模台生产线上设置了自动清理机、自动喷油机（脱模剂）、划线机和模具安装、钢筋骨架或桁架筋安装、质量检测等工位，全过程进行自动化控制，循环流水作业。

相比固定台模生产线，自动化生产线的产品精确度和生产效率更高，成本费用更低，特别是人工成本投入将比传统生产线节省50%。

（1）固定模台工艺流程

固定平模工艺是指构件的加工与制作在固定的台座上完成各道工序（清模、布筋、成型、养护、脱模等），一般生产梁、柱、阳台板、夹心外墙板和其他一些工艺较为复杂的异型构件等。

立模工艺的特点是模板垂直使用，并具有多种功能。模板是箱体，腔内可通入蒸汽，侧模装有振动设备。从模板上方分层灌筑混凝土后，即可分层振动成型。与平模工艺相比，可节约生产用地、提高生产效率，而且构件的两个表面同样平整，通常用于生产外形比较简单而又要求两面平整的构件，如预制楼梯段等。立模通常成组组合使用，可同时生产多块构件。每块立模板均装有行走轮，能以上悬或下行方式作水平移动，以满足拆模、清模、布筋、支模等工序的操作需要。

（2）构件制作常规工艺流程

预制构件生产工艺流程如图4-6所示。

4.3.2　构件制作协同要求

（1）构件厂根据自有的生产条件，针对构件尺寸、构件重量、构件细部构造、钢筋出筋、机电管线预理方案、内装部品安装方案等，对各专业提出设计条件，协同设计应遵循标准化、简易化、集成化的原则。

（2）构件生产应协同设计与施工，进行预制构件生产评估，确定工程量，构件供应量，合理制订生产计划。

（3）钢筋自动化加工技术、钢筋骨架自动化组装技术应协同配筋设计技术，以节省人工、降低劳动强度、提高自动化水平、保证精度、便于构件精准连接为原则。

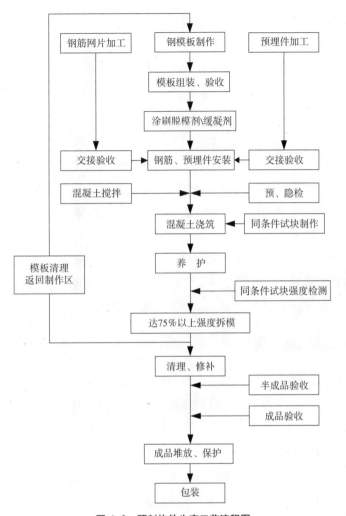

图 4-6 预制构件生产工艺流程图

（4）混凝土自动化浇筑技术应协同结构构件拆分设计技术，以构件标准化程度高、形位简单化为原则。

（5）与吊装、堆放、运输协同要求

1）构件吊装应协同结构构件拆分设计和预留预埋设计技术，包括吊装点、吊装预埋件等的合理设计，以与构件匹配化、标准化为原则。

2）构件堆放应协同结构构件拆分设计，同时考虑施工计划，合理进行构件堆放，对于特殊构件要设计专用堆放工装架体，以构件尺寸匹配、符合构件受力状态、保证构件质量为原则。

3）构件运输应协同结构构件拆分设计和构件连接节点设计，以构件尺寸匹配、重量匹配、吊装顺序匹配、保证品质为原则。

4.4 施工的组织流程

一体化建造的施工环节相当于工业制造的总装阶段，是按照建筑设计的要求，将各种建筑构件部品在工地装配成整体建筑的施工过程。一体化建造的施工要遵循设计、生产、施工一体化原则，并与设计、生产、技术和管理协同配合。装配化施工组织设计、施工方案的制订要重点围绕装配化施工技术和方法。施工组织管理、施工工艺与工法、施工质量控制要充分体现工业化建造方式。通过全过程的高度组织化管理，以及全系统的技术优化集成控制，全面提升施工阶段的质量、效率和效益。

4.4.1 装配式施工流程

装配式混凝土结构是由水平受力构件和竖向受力构件组成，构件采用工厂化生产，在施工现场进行装配，通过后浇混凝土连接或全干式连接形成整体结构，结构形式主要有装配式混凝土框架结构、装配式混凝土剪力墙结构。结构形式不同施工流程也有很大差异。

（1）装配式混凝土框架结构施工流程

装配式混凝土框架结构竖向部件主要是预制柱，水平构件是预制梁、预制（叠合）楼板。其中柱子竖向钢筋主要通过灌浆套筒连接方式进行连接。

装配式混凝土框架结构，按照标准楼层的施工流程简单表述是：预制柱（墙）吊装→预制梁吊装→预制板吊装→预制外挂板吊装→预制阳台板吊装→楼梯吊装→现浇结构工程及机电配管施工→现浇混凝土施工。其中预制楼梯也可在现浇混凝土施工完毕拆模后进行吊装。

（2）装配式混凝土剪力墙结构施工流程

装配式混凝土剪力墙结构竖向部件主要是预制剪力墙，水平构件是预制梁、预制（叠合）楼板。其中竖向结构钢筋主要通过灌浆套筒连接、浆锚连接、焊接等方式进行连接，墙底坐浆或灌浆。水平方向主要由后浇混凝土段连接，后浇段一般位于边缘构件处。后浇段混凝土钢筋通过机械套筒连接、绑扎连接、焊接等方式连接。下面以装配式混凝土剪力墙结构的标准层为例简述施工流程，如图 4-7 所示。

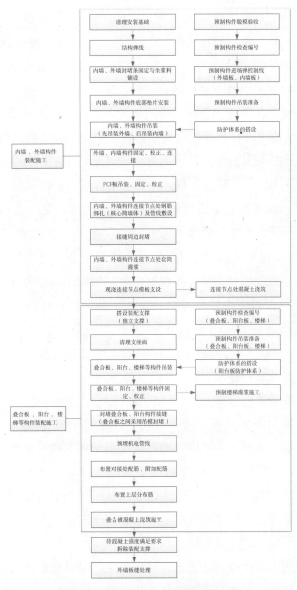

图 4-7　装配式剪力墙结构施工流程图

4.4.2 施工组织协同要求

（1）施工组织安排要求

根据工程总承包合同、施工图样及现场情况，将工程划分为：基础及地下室结构施工阶段、地上结构施工阶段、装饰装修施工阶段、室外工程施工阶段、系统联动调试及竣工验收阶段等。

以装配式高层住宅建筑为例，工程施工阶段总体安排是，塔楼区（含地下室）组织顺序向上流水施工，地下室分三段组织流水施工。工序安排上以桩基础施工→地下室结构施工→塔楼结构施工→外墙涂料施工→精装修工程施工→系统联合调试→竣工验收为主线，按照节点工期确定关键线路，统筹考虑自行施工与业主另行发包的专业工程的统一、协调，合理安排工序搭接及技术间歇，确保完成各节点工期。其中：

1）基础及地下室施工阶段：根据工程特点、后浇带位置以及施工组织需要进行施工区段划分，地下室结构施工阶段划分为 N 个区域进行施工，N 个区组织独立资源平行施工。

2）主体结构施工阶段：根据地上塔楼及工业化施工特点进行区段划分，地上结构施工分为塔楼转换层以下结构施工阶段和转换层以上结构施工阶段。各塔楼再根据工程量、施工缝、作业队伍等划分施工流水段。

3）竣工验收阶段：竣工验收阶段的工作任务主要包含系统联动调试、竣工验收及资料移交。

（2）施工进度管理要求

项目应最大限度地采用设计、生产、施工一体化的组织管理模式，进而能从根本上控制施工进度，提升管理水平和工程效率。

1）项目进度管控。项目的进度管控内容，应从设计、生产、施工等各环节统筹考虑，充分发挥 EPC 总承包的优势。项目的进度管控，要从进度的事前控制、事中控制、事后控制等方面进行，形成计划、实施、调整（纠偏）的完整循环。

①进度的事前控制，主要是在设计、生产阶段提前介入。要确定工期目标、编制项目实施总进度计划及相应的分阶段（期）计划、相应的

施工方案和保障措施。其中重点是明确设计的出图时间节点和施工进度计划的编制。

②进度的事中控制，主要是审核计划进度与实际进度的差异，并进行工程进度的动态管理，即分析进度差异的原因，提出调整的措施和方案，相应调整施工进度计划、资源供应计划。对于装配式混凝土工程，施工中应重点观察起重吊装机械的运行效率、构件安装效率等，并与计划和企业定额进行对比。

③进度的事后控制，主要是当实际进度与计划进度发生偏差时，在分析原因的基础上应制订保证总工期不突破的措施；制订总工期突破后的补救措施；调整施工计划，并组织相应的协调配套设施和保障措施。

2）项目进度协调。项目进度协调工作主要包括以下内容：

①设计协调：设计是构件生产的前提，构件生产是现场施工安装的前提。所以，装配式混凝土建筑，要统一协调管理，以期高效。设计阶段的出图时间和设计质量直接影响到构件深化设计和工厂的生产准备，从而影响工程整体进度。对设计的进度要求一般在项目策划阶段，就同工程总进度计划一起予以明确。构件厂、施工现场技术人员应与设计人员紧密联系，必要时应召开协调会。

②构件生产协调：在工程总进度计划确定之后，施工单位应排出构件吊装计划，并要求构件厂排出构件生产计划。现场施工人员应同构件厂紧密联系，了解构件生产情况，并根据现场场地情况考虑构件存放量。

③现场准备协调：构件进场前，施工单位应与构件厂商定每批构件的具体进场时间及进场次序。构件进场应充分考虑构件运输的限制因素，既要确定场外运输线路，也要确定场内外行车路线。

3）工序穿插作业。在施工过程中针对不同工序组织穿插作业，是装配式建筑的最大优势。施工中应与当地行政主管部门进行沟通，采取主体结构分段验收的形式，提前进行装饰装修施工的穿插，实现多作业面同时有序施工，对于提高项目的整体效率和效益十分明显。

第 5 章

一体化建造技术方法

一体化建造的技术方法是以设计为核心，通过设计先行和全系统、全过程的设计控制，统筹考虑技术的协同性、管理的系统性、资源的匹配性。这一技术方法集中体现了工业化建造方式，其主要技术方法体现在:标准化设计、工厂化生产、装配化施工、一体化装修和信息化管理等。

5.1 标准化设计

5.1.1 标准化设计的重要性

（1）标准化设计是一体化建造的核心部分

标准化设计是工业化生产的主要特征，是提高一体化建造质量、效率、效益的重要手段;是建筑设计、生产、施工、管理之间技术协同的桥梁;是建造活动实现高效率运行的保障。因此，实现一体化建造必须以标准化设计为基础，只有建立以标准化设计为基础的工作方法，一体化建造的生产过程才能更好地实现专业化、协作化和集约化。

（2）标准化设计是工程设计的共性条件

标准化设计主要是采用统一的模数协调和模块化组合方法，各建筑单元、构配件等具有通用性和互换性，满足少规格、多组合的原则，符合适用、经济、高效的要求。标准化设计有助于解决装配式建筑的建造技术与现行标准之间的不协调、不匹配、甚至相互矛盾的问题；有助于统一科研、设计、开发、生产、施工和管理等各个方面的认识，明确目标，协调行动。

（3）标准化设计是实现工业化大生产的前提

在规模化发展过程中才能体现出工业化建造的优势，标准化设计可以实现在工厂化生产中的作业方式及工序的一致性，降低了工序作业的灵活性和复杂性要求，使得机械化设备取代人工作业具备了基础条件和实施的可能性，从而实现了机械设备取代人工进行工业化大生产，提高生成效率和精度。没有标准化设计，其构配件工厂化生产的生产工艺和关键工序难以通过标准动作进行操作，无法通过标准动作下的机械设备灵活处理无规律、离散性的作业，则无法通过机械化设备取代人工进行操作，其生成效率和生成品质难以提高；没有标准化设计，其生产构配件配套的模具也难以标准化，模具的周转率低，周转材料浪费较大，其生产成本难以降低，不符合工业化生产方式特征。

5.1.2　当前标准化设计面临的问题

（1）标准化设计意识不强

建筑工程师在开展设计工作过程中，没有注重标准化设计理念，在突出建筑产品多样化、建筑艺术特征的同时，没有很好地将标准化理念和标准化设计方法应用于具体的建筑产品，没有很好地将标准化设计与建筑产品的多样化有机结合起来，建筑产品设计没有体现出标准化设计理念。

（2）标准化设计模数没有统一

目前，很多企业在积极推进企业专有的标准化设计，但标准化设计模数没有得到共同的遵循和应用，没有形成行业共同认可和遵循的标准化设计模数，标准化设计模数的统一还需要进一步研究和发展。

（3）标准化设计没有前置到方案设计的伊始

标准化设计是设计理念和原则，需要从方案设计阶段即开始进行标准化设计，方案阶段的标准化设计是后续施工图的标准化设计和构配件标准化设计的前提，如果没有方案阶段的标准化设计，则平面、立面就很难标准化，则后续的柱网柱距、墙宽墙高、梁宽梁高等具体构件就难以标准化设计。

（4）标准化设计没有贯通到构配件设计的终端

标准化设计没有深入到钢筋配筋的直径、间距和部品部件的模数与定位。通过以往的设计反映，在具体实施过程中，由于开发商对相应指标的过度控制，致使结构设计师对结构配筋"精打细算"，同一根梁或柱截面，经常会有两种乃至两种以上类型直径钢筋搭配使用，在整个结构体系上，亦没有通盘考虑构件尺寸和配筋的标准化，则在后续的原材料购买、材料配料加工、钢筋绑扎等一系列工作中平添较多的人工甄别、归类、多次处理等工作量，比如：不同直径钢筋需要管理链条上的相关工作人员进行甄别、细分、归类和明确，原本批量化的加工方式则变成了不同型号或直径钢筋的散量加工，不能体现出工业化生产的特征和优势。

（5）缺乏可行的标准化设计方法

当前标准化设计没有得到很好应用的主要原因即是缺乏可执行体系完善的标准化设计方法，标准化设计还往往停留在理念和原则的层面，很多设计师结合实际工程项目很难将理念、原则通过程序化的技术方法加以应用，体现出来的即是标准化设计不系统、不全面、不彻底、不深入。

5.1.3　标准化设计的技术方法

通过大量的工程实践和总结提炼，标准化设计通过平面标准化设计、立面标准化设计、构配件标准化设计、部品部件标准化设计四个标准化设计来实现。平面标准化设计，是基于有限的单元功能户型通过模数协调组合成平面多样的户型平面；立面标准化设计，通过立面元素单元——外围护、阳台、门窗、色彩、质感、立面凹凸等不同的组合实现立面效果的多样化；构件标准化设计，在平面标准化和立面标准化设计的基础上，通过少规格、多组合设计，提出构件一边不变，另一边模数化调整的构件尺寸标准化设计，在此基础上，提出钢筋直径、间距标准化合计；部品部件标准化设计，在平面标准化和立面标准化设计基础上，通过部品部件的模数化协调，模块化组合，匹配户型功能单元的标准化。以下以住宅为例介绍标准化设计的技术方法。

（1）平面标准化设计技术

1）模块组合户型标准化设计。户型标准化设计通过模块化的设计方法，明确有限的、通用的标准化户型模块。户型模块包括：卫生间、厨房、餐厅、客厅、卧室等基本模块。

2）确定平面标准化协调模数和规则。相同基本户型下，制订开间不变，进深在一定基础上以一定模数进行延伸扩展的设计方法。

3）边界协同的系列基本户型平面标准化设计。在基本户型明确的基础上，明确不同户型下的某一边为同尺寸，作为模块与模块之间的通用边界，便于模块间的协同拼接。通过基本户型模块之间按照通用协同边界进行组合，与公共空间模块（包括走廊、楼梯、电梯等基本模块）进行组合，确定多种基本平面形状，形成不同的个性化平面。

（2）立面标准化设计技术

1）饰面多样、模数化的外围护墙板标准化设计。通过预制外墙板不同饰面材料展现不同肌理与色彩的变化，饰面运用装饰混凝土、清水混凝土、涂料、面砖或石材反打，通过不同外墙构件的灵活组合，基本装饰部品可变组合，实现富有工业化建筑特征的立面效果。

2）窗墙比、门窗比控制下立面分格、排列有序的门窗标准化设计，在采光、通风、窗墙比控制条件下，调节立面分格、门窗尺寸、饰面颜色、排列方式、韵律特征，呈现标准化、多样化的门窗围护体系。

3）凹凸有致、错落有序、等距控制的预制空调板、阳台组合设计通过一字形、L形、U形等标准化阳台形式，进行基本单元的凹凸扩展、组合扩展，形成丰富多样的空调板、阳台的立面设计。

（3）构配件及钢筋笼标准化设计技术

1）基于功能单元的构件尺寸模数协调设计。针对基本功能单元模块（客厅、卧室、厨房、卫生间），运用最大公约数原理，按照模数协调准则，通过整体设计下的构件尺寸归并优化设计，实现构件的标准化设计，便于模具标准化以及生产工艺和装配工法标准化。

2）构件钢筋笼的标准化深化设计技术。在构件外形尺寸标准化基础上进行钢筋笼标准化设计：统一钢筋位置、钢筋直径和钢筋间距。并建立系列标准化、单元化、模块化钢筋笼，实现标准化加工。

3）埋件、配件的标准化设计技术。对于预埋在结构主体内的预埋件进行其型号、规格、空间位置进行符合统一模数和规定的标准化设计，便于在后续生产和施工过程中工人对预留预埋进行标准化操作，提高效率和精度。

（4）部品部件标准化设计技术

1）厨房部品标准化设计。以烹饪、备餐、洗涤和存储厨房标准化功能单元模块为基础，通过模数协调和模块组合，满足多种户型的空间尺寸需求，实现厨房部品的标准化设计。

2）卫生间部品标准化设计。以洗漱、淋浴、盆浴、卫生间标准化功能单元模块为基础，通过模数协调和模块组合，满足多种户型的空间尺寸需求，实现卫生间部品的标准化设计。

标准化、通用化、模数化、模块化是工业化的基础，在设计过程中，通过建筑模数协调、功能模块协同、套型模块组合形成一系列既满足功能要求，又符合装配式建筑要求的多样化建筑产品。

5.2. 工厂化制造

5.2.1 工厂化制造的重要性

新时期下建筑业在人工红利逐步淡出的背景下，为了持续推进我国城镇化建设的需要，必须通过建造方式的转变，通过工厂化制造取代人工作业，大大减少对工人的数量需求，并降低劳动强度。

建筑产业现代化的明显标志就是构配件工厂化制造，建造活动由工地现场向工厂转移，工厂化制造是整个建造过程的一个环节，需要在生产建造过程中与上下游相联系的建造环节有计划地生产、协同作业。一体化建造的特征之一就是专业分工、相互协同，系统集成。工厂化生产是生产建造过程中的一个环节之一，需要统一在一体化设计的整体系统中进行批量化、自动化制造。在一体化建造系统下，工厂生产环节与现场建造环节在技术上、管理上、空间上、时间上进行深度协同和融合。

现场手工作业通过工厂机械加工来代替，减少制造生产的时间和资源，从而节省资源；机械化设备加工作业相对于人工作业，不受人工技能的差异而导致的作业精度和质量的不稳定，从而实现精度可控、精准，实现制造品质的提高；工厂批量化、自动化的生产取代于人工单件的手工作业，从而实现生产效率的提高；工厂化制造实现了场外作业到室内作业的转变，从高空作业到地面作业的转变，改变了现有的作业环境和作业方式，也规避了由于受自然环境的影响而导致的现场不能作业或作业效率低下等问题，体现出工业化建造的特征。

5.2.2　工厂化制造的现状和问题

（1）工厂化制造的标准化程度低

工厂化制造是一体化建造的关键环节，加工产品需要满足标准化要求。目前工厂化制造的产品还难以形成标准化和体系化。比如：预制构件类型较多，规格尺寸变化复杂；钢筋加工还存在大量现场下料加工的情况，没有通过在工厂设备进行一体化、批量化的放料加工。

（2）工厂化制造的自动化水平低

建筑构配件在工厂生产过程中，其生产工艺还不够成熟和完善，机械化、自动化的生产设备还不够完备，在生产制造过程中，还存在大量的人工干预、手工作业，作业工序间的衔接性、连贯性不够，导致生产系统的整体自动化水平较低、生产效率偏低，没有达到工厂化制造应有的水平。

（3）工厂化制造的信息化应用程度低

工厂化生产的信息化应用还存在碎片化、单机操作等情况，基于BIM 的工厂生产计划排产、物料管理、堆场管理、质量管理、进度管理、运输协同管理、施工协同管理等还没有形成完善的软件系统，不能指导应用生产；另一方面，在工厂化设备制造过程中，信息化数据还不能直接导入工厂生产设备进行智能化控制和制造，由于数据格式的不统一，生产设备的 PLC 系统还不能自动识别 BIM 的设计信息数据格式，不能直接加工生产，还需要人工进行对加工信息进行整理和汇总，再通过工作人员进行设备的数据录入，进行生产，一是浪费人力和时间，二是在大量的数据读取、翻译、整理、汇总和录入过程中，任何一个环节都容易导致信息的不对称或失真，影响加工的精度和效率。

（4）工厂化制造与现场建造的协同度低

工厂化生产的产品要在现场进行集成建造，为保证建造的系统性和集成性，工厂生产需要与现场施工从技术和管理两个层面进行有效协同。技术上需要保证构配件产品与现场施工部位的连接接口的吻合，从尺寸上、位置上、性能上满足现场施工要求；管理上需要保证构配件生产的总体安排和进度与现场施工的总体安排和进度进行有效协同，现场建造的管理信息与工厂生产管理信息实时共享、协同工作。

5.2.3　工厂化制造的技术方法

（1）工厂化生产工艺布局技术

工厂化制造区别于现场建造，有其自身的科学性和特点，制造工艺工序需要满足流水线式的设计，衔接有序的工艺设计，满足生产效率和品质的最大化要求。需要依据构配件产品的特点和特性，结合现有生产设备功能特性，按照科学的生产作业方式和工序先后顺序，以生产效率最大化、生产资源最小化为目标，以生产节拍均衡为原则，以自动化生产为前提，对生产设备、工位位置、工人操作空间、物料通道、构件、配件、部品件、配套模具工装等进行布局设计。

（2）工厂化生产的自动化制造关键技术

工厂化生产通过机械设备的自动化操作代替人工进行生产加工，流水化作业，提高自动化水平。以结构构件为例，根据其生产工艺，确定定位划线、钢筋制作、钢筋笼与模具绑扎固定、预留预埋安放、混凝土布料、预养护、抹平、养护窑养护、成品拆模等工位，在工序化设置的基础上，通过设备的自动化作业取代人工操作，满足自动化生产需求。

（3）工厂化生产的管理技术

工厂化生产处于建造过程中的关键环节，需要有完善的生产管理体系，保证生产的运行。工厂化生产管理系统，需要建立与生产加工方式相对应的组织架构体系，组织架构体系的设置一方面需要保证各相关部门高效运营、信息对称，高效生产；另一方面需要与设计、施工方的组织架构体系有很好的衔接，能保证设计、生产、施工的整个组织管理体系是一个完整系统的组织体系。

（4）工厂化生产的信息化技术

未来建筑业的发展趋势是信息化与工业化的高度融合，工厂化生产在结合机械化操作的基础上必须通过信息化的技术手段实现自动化，信息化技术的应用又分为技术和管理两个层面的应用。技术层面主要是通过加工产品的设计信息能被工厂生产设备自动识别和读取，实现生产设备无需人工读取图样信息再录入设备进行加工，直接进行信息的精准识别和加工，提高加工精度和效率；另一方面，在信息化管理方面，实现工厂内部管理部门在统一信息管理系统下进行运行，信息共享、协同工作，保证生产管理系统的协同运作，各个部门在工厂信息管理系统下进行信息的共享，信息自动归并和统计，提高管理效率。另一方面便于设计方、施工方了解生产状态，实现设计、生产、装配的协同。

5.3 装配化施工

5.3.1 装配化施工的重要性

（1）装配化施工可以减少用工需求，降低劳动强度

装配化建造方式可以将钢筋下料制作、构配件生产等大量工作在工厂完成，减少现场的施工工作量，极大地减少了现场用工的人工需求，降低现场的劳动强度，适应于我国建筑业未来转型升级的趋势和人工红利淡出的客观要求。

（2）装配化施工能够减少现场湿作业，减少材料浪费

装配化建造方式一定程度上减少了现场的湿作业，减少了施工用水、周转材料浪费等，实现了资源节省。

（3）装配化施工减少现场扬尘和噪声，减少环境污染

装配化建造方式通过机械化方式进行装配，减少现场传统建造方式扬尘、混凝土泵送噪声和机械噪声等，减少环境污染。

（4）装配化施工能够提高工程质量和效率

通过大量的构配件工厂化生产，工厂化的精细化生产实现了产品品

质的提升，结合现场机械化、工序化的建造方式，实现了装配式建造工程整体质量和效率提升。

5.3.2 装配化施工的现状与问题

（1）装配化施工的技术工法体系不完善

现有的装配化技术体系还不完善，传统现浇施工与装配化施工并行，工序化的工法还没有成形，同一工作面下，装配施工和现浇施工的工序先后顺序、工作面交接条件，资源的协同利用等还没有形成完善的技术工法体系。

（2）装配化施工技术的集成度不高

一体化建造的精髓在于产品的系统性和完整性，装配化结构施工是部分内容，还有机电装配化和装饰部品装配化，结构、机电、门窗、装饰部品的集成化装配程度还不够高。

（3）装配化的机械化技术应用程度不高

现有的机械化装配，其机械化设备还停留在传统施工的机械设备层面，起重机、泵车等，还满足不了未来建筑业关于一体化建造中施工环节的机械化设备的应用要求。

5.3.3 装配化施工的技术方法

（1）建立并完善装配化施工技术工法

在设计阶段优化利于节省人工用工、节省资源，避免工作面交叉、便于机械化设备应用、便于人工操作、利于现场施工的技术方法和设计方案。通过对装配化施工的工序工法研究，建立结构主体装配、节点的连接方式、现浇区钢筋绑扎、模板支设、混凝土浇筑、配套施工设备和工装的成套施工工序工法和施工技术。

（2）制订装配化施工组织方案

在一体化建造体系下，结合工程特点，制订科学性、完整性和可实施性的施工组织设计，施工组织设计在考虑工期、成本、质量、安全、协调管理要素条件下，制订相应的施工部署、专项施工方案和技术方案。明确相应的构配件吊装、安装、构配件连接等技术方案，满足进度要求的构配件精细化堆放和运输进场方案。

在机械化装配方式下，安装机械设备需要在设计方案中确定与构配件相配套的一系列工具工装，原则上要满足资源节省、人工节约、工效提高、最大限度地应用机械设备进行操作，选择配套适宜的起重机、堆放架体、吊装安装架体、支撑架体、外围护操作架体等工装设备；在质量、安全方面明确构配件从原材料、生产隐检、运输、进场、施工装配等全过程质检专项方案以及全过程的质安管控方案。

一体化建造下的施工环节，需要在设计阶段，根据设计成型的工程项目，根据工程定额工效和经验，在工程量明确（钢筋、混凝土）、工期明确、技术方案明确的条件下，经过科学分析和计算，进一步明确相应的模板、支撑架体，产业工人以及间接资源的投入，做好资源的计划提前、统一调配、统一使用，实现资源的统一配套。

（3）实行精细化、数字化施工管理

精细化施工体现在时间上的精细化衔接和空间上的精细化吻合，时间上需要明确部品部件到现场的时间，以及现场需要吊装、安装构配件的时间，确定在一定时间误差下的不同构配件的单件吊装时间、安装时间、连接时间和相互衔接的实施计划；空间上做好前后工作面的交接和衔接，工作面是施工的协同点和交叉点，工作面的衔接有序和合理安排是工程顺利推进、工期得以保证的基本环节，既要保证工作面上支撑架搭设、构配件安装、钢筋绑扎、混凝土浇筑的有序穿插，又要保证不同时间段下工作面与工作面的有序衔接和协同。

5.4 一体化装修

5.4.1 一体化装修的重要性

装配化建造是一种建造方式的变革，是建筑行业内部产业升级、技术进步、结构调整的一种必然趋势，其最终目的是提高建筑的功能和质量。装配式结构只是结构的主体部分，它体现出来的质量提升和功能提高还远远不够，应包含一体化装修，通过主体结构与装修一体化建造，才能让使用者感受到品质的提升和功能的完善。

在传统建造方式中,"毛坯房"的二次装修要造成很大的材料浪费,甚至有的二次装修还会造成对主体结构的损伤,会产生大量的建筑垃圾,也会带来很多质量、安全、环保等社会问题,是一种粗放式的建造方式,与新时代高质量发展要求不相适应。故而,需要提高一体化装修的认识,加强一体化装修的管理,真正实现建筑装修环节的一体化、装配化和集约化。

5.4.2 一体化装修的现状与问题

（1）政策推进力度有待加强

目前在国家层面尚未出台有关取消"毛坯房"的相关政策,由于缺乏引导性政策和强制性措施,开发企业对开展全装修积极性不高,推进力度不大。

（2）相关配套政策有待出台

由于全装修成本费用计入营业税、契税的征收税基,增加了购房者的负担,提高了商品房价格。

（3）质量保障措施有待建立

由于装修材料、部品采购过程不透明,装修施工过程监管不能保证,导致装修工程存在一定的质量隐患,需要建立并完善装修工程质量保障措施。

（4）一体化装修技术体系有待完善

由于主体结构与室内装修之间在设计、生产、施工环节脱节,造成技术与管理的"碎片化",技术系统化、集成化程度低。因此,要完善一体化装修技术体系。

5.4.3 一体化装修的技术方法

一体化装修区别于传统的"毛坯房"二次装修方式。一体化装修与主体结构、机电设备等系统进行一体化设计与同步施工,具有工程质量易控、提升工效、节能减排、易于维护等特点,使一体化建造方式的优势得到了更加充分地发挥和体现。一体化装修的技术方法主要体现在以下方面:

（1）管线与结构分离技术

采用管线分离，一方面可以保证使用过程中维修、改造、更新、优化的可能性和方便性，有利于建筑功能空间的重新划分和内装部品的维护、改造、更换，另一方面可以避免破坏主体结构，更好的保持主体结构的安全性，延长建筑使用寿命。

（2）干式工法施工技术

干式工法施工装修区别于现场湿法作业的装修方式，采用标准化部品部件进行现场组装，能够减少用水作业，保持施工现场整洁，可以规避湿作业带来的开裂、空鼓、脱落的质量通病。同时干法施工不受冬季施工影响，也可以减少不必要的施工技术间歇，工序之间搭接紧凑，提高工效，缩短工期。

（3）装配式装修集成技术

装配式装修集成技术是指从单一的材料或配件，经过组合、融合、结合等技术加工而形成具有复合功能的部品部件，再由部品部件相互组合形成集成技术系统。从而实现提高装配精度、装配速度和实现绿色装配的目的。集成技术建立在部品标准化、模数化、模块化、集成化原则之上，将内装与建筑结构分离，拆分成可工厂生产的装修部品部件。包括：装配式内隔墙技术系统、装饰一体的外围护系统、一体化的楼地面系统、集成式卫浴系统、集成式厨房系统、机电设备管线系统等技术。

（4）部品部件定制化工厂制造技术

一体化装修部品部件一般都是工厂定制生产，按照不同地点、不同空间、不同风格、不同功能、不同规格的需求定制，装配现场一般不再进行裁切或焊接等二次加工。通过工厂化生产，减少原材料的浪费，将部品部件标准化与批量化，降低制造成本。

5.5 信息化管理

5.5.1 信息化管理的重要性

（1）信息化管理是一体化建造的重要手段

一体化建造中的信息集成、共享和协同工作离不开信息化管理。一体化建造的信息化管理主要是指以 BIM 信息化模型和信息化技术为基础，通过设计、生产、运输、装配、运维等全过程信息数据传递和共享，在工程建造全过程中实现协同设计、协同生产、协同装配等信息化管理。

（2）信息化管理是技术协同与运营管理的有效方法

信息化管理可以实现不同工作主体在不同时域下围绕同一工作目标，同一信息平台下，信息及时沟通，保证信息的及时传递和信息对称，提高信息沟通效率和协同工作效率。企业管理信息化集成应用的关键在于"联"和"通"，联通的目的在于"用"。企业管理信息化集成应用就是把信息互联技术深度融合在企业管理的具体实践中，把企业管理的流程、技术、体系、制度、机制等规范固化到信息共享平台上，从而实现全企业、多层级高效运营、有效管控的管理需求。

5.5.2　信息化管理的现状与问题

信息化技术应用是一体化建造中的不可或缺的技术和管理手段，信息化管理在应用于一体化建造中，主要面临以下问题：

（1）专业性软件格式众多，缺少统一的交互格式

在信息化管理过程中，软件是必备的载体，国内的软件，出于商业利益的考虑和缺少相应的国家标准，不管是设计软件，还是施工软件、造价软件、设备软件，都自我封闭，有自己的数据格式，相互不兼容，其生成的文件不能相互识别，也不能相互导入，这就形成一个个信息孤岛，只能局限于单点应用，没有很好地体现出集成性和完整性。

（2）缺少设计、生产、采购、施工一体的信息交互平台

一体化建造的实现需要设计、生产、装配过程的 BIM 信息技术应用。通过 BIM 一体化设计、MES 工厂化制造和装配化施工的应用，设计、生产、装配环节的信息会在项目的实施过程中不断的产生，没有相应的接口和协同，会造成传递过程中的信息丢失，不能达到协同的目的。

（3）企业信息化系统应用还不成熟

针对一体化建造的信息化系统应用，一方面需要打通设计、生产、装配的信息链条，实现全链条的信息共享，另一方面，需要建筑、结构、机电、装饰部品不同专业在设计、生产、装配过程中各专业信息实时共

享协同，再则在实施过程中，需要进度、资源、资金、人力等方面管理信息的共享和协同，需要从企业层面的资源配置上进行信息化管理。

5.5.3 信息化管理的技术方法

企业管理信息化就是将企业的运营管理逻辑，通过管理与信息互联技术的深度融合，实现企业管理精细化，从而提高企业运营管理效率，进而提升社会生产力。其技术方法主要体现在以下三个方面：

（1）以技术体系为核心的信息化管理技术

一体化建造是在建筑技术体系上，实现建筑、结构、机电、装修一体化；在工程管理上，实现设计、生产、施工一体化。要实现两个一体化建造方式，必须运用协同、共享的信息化技术手段，才能更好地实现两个一体化的协同管理。因此，信息化技术手段的应用，主要建立在标准化技术方法和系统化流程的基础上，没有成熟、适用的一体化、标准化技术体系，就难以应用信息化技术手段。

（2）以成本管理为主线的信息化管理系统

建设企业经营管理的对象是工程项目，只有将信息互联技术应用到工程项目的管理实践中，实现生产要素在工程项目上的优化配置，才能提高企业的生产力，才是我们所需要的信息化。工程项目是建筑企业的利润来源，是企业赖以生存和发展的基础。企业信息化建设也必须把"着力点"放在工程项目的成本、效率和效益上，因为它是企业持续生存发展的必要条件。所以说，项目管理是建设企业管理的基石，成本管理是项目管理的根本，项目过程管理要以成本管控为主线。这就需要企业严格管理、科学管理、高效管理，而企业管理信息化的过程就是通过信息互联技术的应用，使企业管理更加精细、更加科学、更加透明、更加高效的过程。

（3）满足企业多层级管理的高效运营和有效管控的集成平台

企业管理信息化集成应用的关键在于"联"和"通"，联通的目的在于"用"。企业管理信息化集成应用就是把信息互联技术深度融合在企业管理的具体实践中，把企业管理的流程、体系、制度、机制等规范固化到信息共享平台上，从而实现全企业、多层级高效运营、有效管控的管理需求。企业管理信息化集成应用，应实现以下五个"互联互通"的目标：

一是，企业上下互联互通。就是要实现"分级管理，集约集成"。"分级管理"指从企业总部到项目实行分层级管理；"集约集成"指由底层项目产生的数据，根据从项目部到企业总部各个管理层级在成本管理方面的需求，各个层级中集约集成汇总。

二是，商务财务资金互联互通。就是要实现项目商务成本向财务数据的自动转换。商务数据向财务数据和资金支付的自动转换过程，应在项目的管控单位（子公司）实现，而非只在项目上实现。

三是，各个业务系统互联互通。企业管理标准化与信息化的融合，就要建立企业信息化系统的"主干"，也就是建立贯穿全企业的成本管理系统。最终实现业务系统的互联互通，进入"管理集成信息化"的发展阶段。

四是，线上线下互联互通。就是要通过"管理标准化，标准表单化，表单信息化，信息集约化"的路径，不断简化管理，最终实现融合。系统所用的语言、所涉及的流程，都必须与实际相符合，软件开发不能站在 IT 的角度，而需要站在实际管理业务工作的需求上。

五是，上下产业链条互联互通。上下产业链条互联互通，就是要充分发挥互联网思维，用"互联网＋"的手段，去掉中间环节，实现建造全过程的连通。比如：技术的协同、产品的集中采购，通过信息技术将产业链条上的各环节相互协同，实现高效运营。

第6章

一体化建造创新技术

在信息技术高速发展的新时代，一体化建造的创新发展必然要与信息技术深度融合。在设计阶段将会充分运用数字化设计技术；在生产阶段将会充分运用智能化生产技术；在施工阶段将会充分运用智慧化施工技术，实现一体化建造全过程的数字化、智能化和智慧化，从而全面提高工程建造的整体质量、效率和效益。

6.1 数字化设计技术

6.1.1 数字化设计概念

建筑领域的数字化设计区别于传统的手绘设计，是将设计师头脑中的概念方案通过 CAD、BIM 等载体转化为量化的数据参数建立数字模型，由计算机做集中的数据处理支持数据分析、汇总、可视化数据显示等工作后，准确表达设计各阶段的概念模型、方案图、施工图以及 BIM 模型等。

数字化设计通过各种软件工具来实现，概念草图阶段采用 Sketchup 等快速建模软件，可以高效建立三维体量表达设计的构思及空间关系，利用 Grasshopper 等插件搭载犀牛软件通过 NURBS 曲面方式可以进行参数化设计，采用 BIM 进一步将设计模型数据化，实现建筑的全生命期协同工作；随着数字设计技术的发展，设计工作网络化，未来可以实现在线设计、定制化设计、VR 场景应用，并且业主可以实时体验，便于设计师及时调整，优化设计。

6.1.2 标准化正向设计

采用正向的数字化设计，通过建立统一模型、定位基准和命名规则，将不同专业各类族库集成在方案设计当中，自动实现标准化设计的同时，采用云端虚拟机的方式，实现本地与本地、本地与异地之间的工作协同，真正意义上实现各个专业实时协同作业，区别于传统二维离散的、点对点的协同模式。每一位设计师的工作内容变为整体模型的一部分，各个参与者基于共同的建模设计标准，完成整体设计模型（图 6-1、图 6-2）。

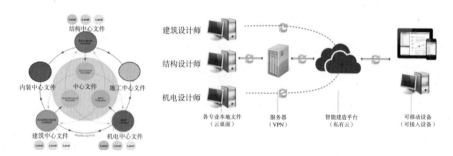

图 6-1 基于 BIM 的协同设计工作模式

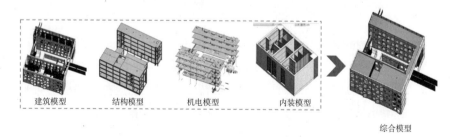

图 6-2 基于 BIM 的标准化正向设计

建立建筑模型时，结合装配式建筑的技术策划，组装并优化立面设计和平面设计，在确保预制装配式建筑正常使用性能的基础上，坚持多组合、少规格的预制构件设计原则，实现装配式建筑设计的系统化和标准化；结合装配式建筑一般结构体系、特殊结构体系的族库，建立结构模型，满足不同建筑在功能和性能上的需要；考虑设备的预留预埋、在合理准确、经济合理的前提下，从族库中优先选择并组装优化便于生产装配的机电模型；内装模型库的建立与组装，与建筑、结构、机电同步一体化进行，将功能前置条件、管线安装、墙面装饰、部品安装一次到位，最大限度地减少专业间冲突（图6-3）。

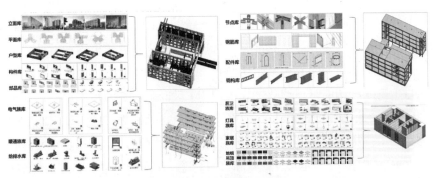

图 6-3 利用族库建立专业模型

利用数字模型，在设计阶段能够进行方案设计的模拟分析，将生产、施工和运维阶段的信息前置考虑，实现综合设计协调，提升设计质量和附加值。生产和施工阶段在设计阶段的工作基础上进行本环节各要素信息的补充和完善，通过 BIM 平台实现项目综合管控（图6-4）。

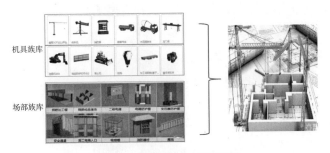

图 6-4 利用族库建立施工模型

打造基于 BIM 技术的智慧建造一体化信息平台，使得建设单位、设计单位、施工单位、运维单位、供应厂商等在同一平台上协同作业，实现资源优化配置，全产业链各个环节基于平台充分协作，打破企业边界和地域边界等时间空间的限制，实现有效链接和信息共享。

6.1.3　BIM 模型交付

我国建筑工业行业标准《建筑对象数字化定义》（Building information model flatform）JG/T 198—2007 将建筑信息模型（Building Information Model）定义为："建筑信息完整协调的数据组织，便于计算机应用程序进行访问、修改和添加，这些信息包括按照开放工业标准表达的建筑设施的物理和功能特点以及其相关的项目或生命周期信息。"

美国国家标准 NBIMS 对 BIM 的定义是："BIM 是一个设施（建设项目）物理和功能特性的数字表达；BIM 是一个共享的知识资源，是一个分享有关这个设施的信息，为该设施从概念到拆除的全生命周期中的所有决策提供可靠依据的过程；在项目不同的阶段，不同利益相关方通过在 BIM 中插入、提取、更新和修改信息，以支持和反映其各自职责的协同作业。"

以上两个定义都明确了建筑信息模型中信息的重要性，也明确了这些信息要用于实现建筑的全生命周期的应用。BIM 模型构件的信息主要分为两部分：一是几何信息，包括尺寸、位置、形状；另一类是非几何信息，包括产品信息（如生产日期、生产厂商、规格型号等）、建造信息（如安装时间、安装人员、质检人员等）、运维信息（如质保日期、维修日期、维修人员等）。BIM 模型交付时，需要承载项目全专业信息——设计信息、构件生产信息、施工模拟信息、进度信息、质量检验信息、成本信息等，要具有信息完备性、信息关联性、信息一致性、可视化、协调性、模拟性、优化性和可出图性八大特点。

6.1.4　BIM 模型应用

BIM 在设计策划阶段、生产装配阶段的应用有以下方面：

（1）BIM 模型应用——全景建筑体验

基于 VR、全景虚拟现实技术，实现智能建造的建筑产品的绿色节能、质量优良实体空间；智能化虚拟"幸福空间"、全景建筑体验等服务（图 6-5）。

图 6-5　智能化虚拟全景建筑体验

（2）BIM 模型应用——指标计算

传统的规划指标计算是由设计师通过设计图样的表达与人工计算结合来使方案匹配设计要求。由于在前期方案阶段设计师艺术发挥的自由度比较大，不同的设计方案需要计算相应的技术经济指标进行比对，因此反复的方案修改将带来庞大的指标核算的工作量。而方案方向确定以后，具体的方案修改也会引起指标的变化，都需要人工去自行核算，效率低下且精确度很难保证。通过 BIM 方式可以将图样和 BIM 模型统计的技术经济指标实时关联起来，设计师对方案布局的任何修改都可以自动由 BIM 软件完成相应指标的统计（图 6-6）。

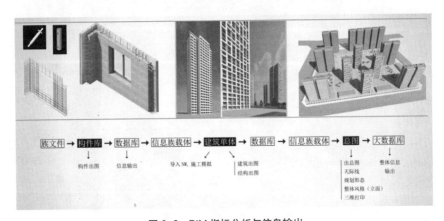

图 6-6　BIM 指标分析与信息输出

预制率和装配率是装配式建筑设计的重要技术指标，装配率计算的前提是将预制混凝土部分和现浇混凝土部分区分开来。在 BIM 模型中可快速将预制墙、梁、板、柱、阳台、楼梯分别统计出来，同时也可以快速将现浇混凝土的工程量按不同类别统计出来，从而得到预制率结果（图6-7）。

预制率计算表							
建造方式	现浇部分		预制部分		预制率		
结构类型	现浇部位名称	构件体积	预制构件名称	构件体积	单项构件预制率	各类件预制率	预制率总计
竖向结构	现浇墙	47.6	预制外墙	--	--	4.88%	
	现浇柱	25.33	预制内墙	8.13	4.88%		
水平结构	现浇楼板	37.75	预制凸窗	6.35	3.81%	10.27%	15.14%
			预制阳台	7.1	4.26%		
	现浇结构梁	30.75	预制楼梯	3.66	2.20%		
维护结构	现浇非承重外墙	--	内隔墙条板	--	--		
	其他		其他				
合计		141.43		25.24			
总计		166.67					

图6-7 BIM模型输出工程量统计预制率

（3）BIM模型应用——场地设计

在建筑设计开始前需要对场地进行分析，对场地进行高程、坡度、朝向、水系、道路等现有要素进行分析。通过基于BIM开发的软件，如Autodesk InfraWorks软件可以比较准确客观地将场地的现状展示出来。可以通过软件的颜色设置将场地不同的高程或者坡度信息表达出来。也可以通过Revit或者Civil 3D进行场地平整和土方量计算分析等，确定最优的场地设计方案（图6-8）。

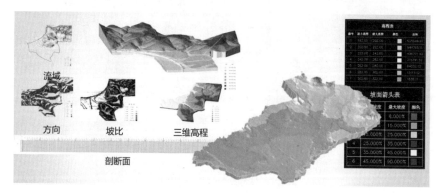

图6-8 BIM场地分析

（4）BIM模型应用——建筑生态分析模拟

通过BIM对建筑方案进行能效数字仿真分析模拟，并实现分析数据的可视化，便于直观快速的理解。一般的生态分析模拟为流场模拟，相应的软件如 Fluent、Phoenics、Autodesk simulation CFD、scSTREAM 等，可以对室内外风速、温度、舒适度、风压、空气湿度等进行仿真分析，达到创造舒适的流场环境的目的（图 6-9）。

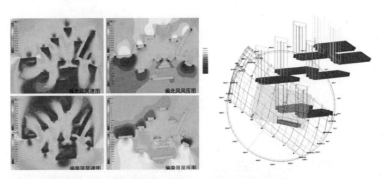

图 6-9　建筑生态分析模拟仿真分析

（5）BIM 模型应用——管线综合和碰撞检查

根据设计模型，进行各专业间的碰撞检查，形成检查报告和相应的优化建议。运用 BIM 技术，对机电管线进行协同建模，并对管线综合排布质量与效果进行可视化审查，提高管线综合图审查效率和图样审批效率（图 6-10）。

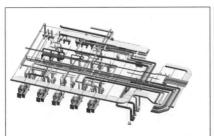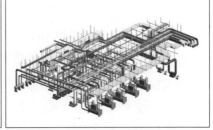

图 6-10　机电管线综合碰撞检查

（6）BIM 在结构与构件装配方案设计中的应用

应用 BIM 技术对预制构件内部、预制构件之间进行碰撞检查。避免传统二维设计中不易察觉的"错漏碰缺"（图 6-11）。

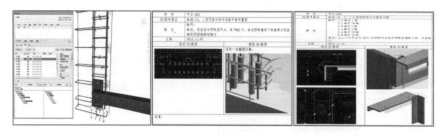

图 6-11   预制构件碰撞检查

（7）BIM 模型应用——节点设计与论证

应用 BIM 进行后期施工过程中，复杂部位和关键施工节点的论证，保证施工的可行性（图 6-12）。

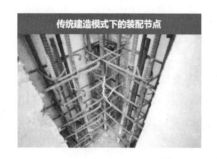 

图 6-12   剪力墙后浇带节点

（8）BIM 模型应用——投资估算

在方案阶段根据技术经济指标并结合对 BIM 模型中的各类建筑构件分类统计，无需再创建单独的算量模型或手算工程量，直接使用 BIM 模型进行工程量计算，实现算量模型和设计模型的统一可以相对准确的计算出工程量来，对于投资估算提供更可靠的数据。

基于 BIM 模型套用定额直接进行工程量计算，辅助项目的商务决策。在设计模型的基础上，搭建满足商务算量要求的 BIM 算量模型，输出成果后通过计价组合软件，根据市场价和企业定额价编制工程预算。通过校核无误的 BIM 模型根据定额规则进行实物量计算。

（9）BIM 模型应用——BIM 数据传递至采购环节

通过 BIM 模型建立物资材料数据库，结合综合管理平台，根据构件生产、施工工序和工程计划进度安排材料采购计划，快速准确的提取施工各阶段的材料用量和材料种类，通过 BIM 模型的底层数据支撑作为物资采购和管理的的控制依据（图 6-13）。

图 6-13　自动生成工程量及造价清单

（10）BIM 模型应用——BIM 数据传递至生产环节

BIM 模型通过设计软件接口构件的工厂生产应用软件，实现设计信息到构件生产信息的传递和共享，避免了工厂生产管理信息建立时，大量繁琐数据信息的二次输入和输入的信息失真，达到设计生产一体化的信息共享（图 6-14）。

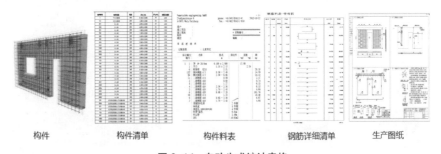

构件　　　　　构件清单　　　　构件料表　　　　钢筋详细清单　　　生产图纸

图 6-14　自动生成统计表格

（11）BIM 模型应用——BIM 数据传递至施工环节

施工图设计阶段 BIM 模型全部完成后，所有施工图样应通过 BIM 模型自动生成后导出。通过 BIM 模型导出的图样是完全基于模型的反映，准确的模型即意味着准确的图样（图 6-15）。

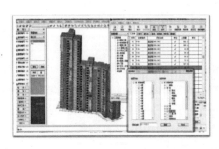

● 平面、立面、剖面大样图
● 节点大样图
● 机电管线、设备的在平面与剖面定位图
● 管线预留预埋定位图
● 支吊架安装定位图
● 预制构件尺寸加工图
● 复杂节点的三维透视图

图 6-15　自动生成施工图

6.2　智能化生产技术

6.2.1　智能化生产概念

智能化生产是基于 BIM 的设计、生产、装配全过程信息集成和共享，互联网技术与先进制造技术的深度融合，贯穿于用户、设计、生产、管理、服务等制造全过程，对所有工厂生产的建筑部品部件及设备进行管控的生产信息系统，实现工厂生产排产、物料采购、生产控制、构件查询、构件库存和运输的信息化管理，实现生产全过程的成本、进度、合同、物料等各业务信息化管控，提高信息化应用水平，提高建造效率和效益（图 6-16）。

图 6-16　基于 BIM 的智能化生产模式

6.2.2　BIM 数据接入生产系统

BIM 数据信息直接导入生产管理系统，无需人工二次录入，实现工厂生产排产、物料采购、生产控制、构件查询、构件库存和运输的信息化管理。

设计环节完成的部品部件加工信息，通过云端导入生产管理系统，经过智能化识别，传递给对应的生产线；生产过程数据通过后续监控反馈，与设计原始数据形成回路，持续优化调整，最终生产全过程数据汇集至智能建造平台，实现装配式建筑全过程的智能建造管理（图6-17）。

图 6-17　装配式建筑生产管理系统

6.2.3　计划协同与进度管理

依据 BIM 模型数据信息，智能进行计划协同和进度管理。实现计划动态调整，将施工进度计划、构件生产计划和发货计划进行及时匹配协调（图6-18）。

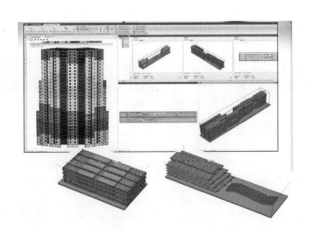

图 6-18　计划协同与进度管理

6.2.4 材料采购与库存管理

通过 BIM 设计信息，自动分析构件生产的物料所需量，对比物料库存及需求量，确定采购量，自动化生成采购报表。生产过程中，实时记录构件生产过程中物料消耗，关联构件排产信息，库存量数据化实时显示，适时提醒；依据供应商数据库，自动下单供应商（图 6-19）。

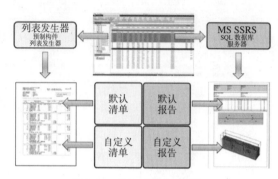

图 6-19　材料采购与库存管理

6.2.5 BIM 信息接入生产设备

基于 BIM 的装配式结构构件信息，直接导入加工设备，设备对设计信息智能识别和自动加工。无需图样环节，各环节电子交付，减少二次录入，提高效率，减少错误（图 6-20）。

图 6-20　BIM 数据介入生产设备

6.2.6 自动化生产过程

基于 BIM 设计信息，生产全流程自动化，无需人工干预的自动生产线，自动化完成一系列工序（画线定位、模具摆放、成品钢筋摆放、混凝土浇筑振捣、抹平、养护、拆模、翻转起吊等），如图 6-21 所示。

图 6-21 生产全过程自动化

6.2.7 信息化质量检验

移动端填写质量检验表单，合格后方可进入下一道工序，移动端与系统联动，实现质量检验信息实时反馈（图 6-22）。

图 6-22 生产全过程质量控制

6.2.8 可追溯信息管理

采用二维码或 RFID 技术，赋予构件唯一身份标识，通过移动端实时采集数据，进行原材料、生产质量、生产装配、运输物流、后期运维等全生命期可追溯性信息管理（图 6-23）。

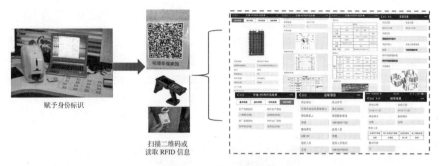

图 6-23　全生命期可追溯

6.2.9　智能化堆场管理

通过构件编码信息，关联不同类型构件的产能及现场需求，自动化排布构件产品存储计划、产品类型及数量，通过构件编码及扫描快速确定所需构件的具体位置（图 6-24）。

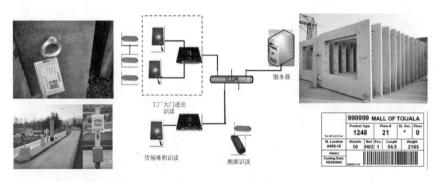

图 6-24　基于 RFID 的构件成品出入库及堆场管理

6.2.10　精细化物流管理

信息关联现场构件装配计划及需求，排布详细运输计划（具体卡车，运输产品及数量，运输时间，运输人，到达时间等信息）。信息化关联构件装配顺序，确定构件装车次序，整体配送（图 6-25）。

利用条形码、射频识别技术、传感器、全球定位系统等先进的物联网技术通过信息处理和网络通信技术平台应用于预制构件运输、配送、包装、装卸等基本活动环节，自动规划装载路线，精确预测到达时间，

图 6-25　构件运输自动化匹配

运输状态实时监控，实现预制构件运输过程的自动化运作和高效率优化管理，提高物流水平，降低成本，减少自然资源和社会资源消耗（图 6-26）。

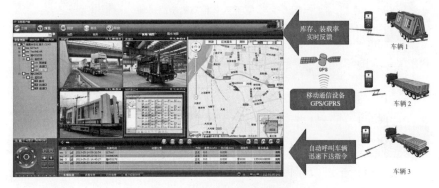

图 6-26　构件运输精细化管理

6.3　智慧化施工技术

6.3.1　智慧化施工概念

　　智慧化施工是指应用 BIM、物联网、大数据、人工智能、移动通信、云计算及虚拟现实等信息技术与机器人等相关智能设备，实现工程施工可视化智能管理。

6.3.2　基于 BIM 信息的装配现场

　　现场装配阶段是装配式建筑全生命期中建筑实体从无到有的过程，

是以进度计划为主线，以 BIM 模型为载体，通过现场装配信息同设计信息和生产信息充分共享与集成，将现场装配和虚拟装配有效结合，实现项目进度、成本、施工平面、施工方案、质量、安全等方面的数字化、精细化和可视化管理，减少后续实施阶段的洽商和返工，从而提高工程建造的装配效率、质量和管理水平（图 6-27）。

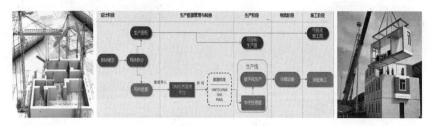

图 6-27　基于 BIM 信息的装配现场

6.3.3　场地平面布置预演

场地平面布置采用 BIM 技术预演工程现场，布置各个阶段总平面各功能区（构件及材料堆场、场内道路、临建等）、大型机械、运输路径、临时用水、用电位置，实现工程动态优化配置，形象展示场地 CI 布置情况，进行虚拟漫游，模拟施工工况，对平面布置中潜在不合理布局进行分析，对安全隐患进行排查，进一步优化平面布置方案，使其更经济、完善，更加符合绿色节能环保趋势（图 6-28）。

桩基阶段平面布置

基坑阶段平面布置

地下室阶段平面布置

正负零平面布置

主体阶段平面布置

结构封顶平面布置

图 6-28　各阶段平面布置

6.3.4 施工进度预演

　　施工进度预演是通过 BIM 与施工进度计划相链接，将空间、时间信息整合在一个可视的 4D 模型中，针对施工阶段可能出现的问题逐一修改，并提前制订应对措施，合理制订施工计划、精确掌握施工进度，优化使用施工资源，对整个工程的施工进度、资源和质量进行统一管理和控制，以缩短工期、降低成本、提高质量（图 6-29）。

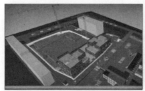 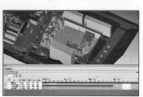

周进度计划模型　　　　　　月进度计划模型　　　　　　年进度计划模型

图 6-29　施工进度预演

6.3.5 装配工艺工序预演

　　装配工艺工序预演让参与方在同一界面、标准下有效沟通，在施工过程中，对构件吊装、支撑、构件连接、安装以及机电其他专业的现场装配方案进行工序及工艺预演及优化，进行施工进度、质量控制，达到降低成本，缩短工期的目的（图 6-30）。

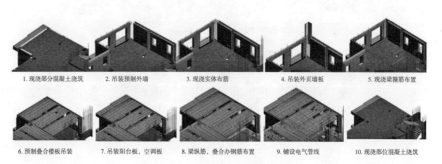

1.现浇部分混凝土浇筑　2.吊装预制外墙　3.现浇实体布筋　4.吊装外页墙板　5.现浇梁箍筋布置

6.预制叠合楼板吊装　7.吊装阳台板，空调板　8.梁纵筋，叠合办钢筋布置　9.铺设电气管线　10.现浇部位混凝土浇筑

图 6-30　施工工艺模拟图

6.3.6 可视化作业指导

通过 BIM 技术、RFID 芯片、二维码、移动终端等，直接快速查询 BIM 模型、大样详图、指导文件及视频等，在安装操作过程中保证构件、设备、部品部件等安装的精准性和协同性，方便指导施工，减少施工错误，提高施工质量与效率（图 6-31）。

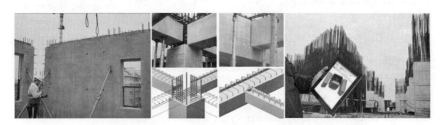

图 6-31 可视化作业指导示意图

6.3.7 现场实际高效施工

完成各项工程预演后，最大可能排除现场施工隐患、优化设计和施工工艺，使得装配施工阶段实现真正提质增效（图 6-32）。

图 6-32 智慧化现场施工示意图

6.4 智慧建造平台

6.4.1 智慧建造平台概念

　　智慧建造平台，是应用 BIM 技术支撑工业化建造全产业链信息贯通、信息共享、协同工作，融合 BIM 与 ERP 相结合的信息化技术，利用云计算、物联网、人工智能等技术，建立一体化的数字管理平台，将设计、生产、施工的需求和建筑、结构、机电、内装各专业的设计成果集成到一个统一的建筑信息模型系统之中，系统建立了模块化的构件库、部品库和资源库等，实现了各参与方基于同一平台在设计阶段提前参与决策、工作过程实时协同、构件及部品的属性信息适时交互修改等功能，实现工业化建筑全产业链的数据获取、数据分析与数据应用，如图 6-33 所示。

图 6-33　中建科技装配式建筑智慧建造平台

6.4.2 智能建造平台应用——项目及部品部件库

　　建立及调用丰富的项目、部品部件库，进行正向装配设计，为项目建设提供设计支撑，指导构件生产和现场安装。

6.4.3 智能建造平台应用——在线采购

　　对 BIM 轻量化模型进行数据提取和数据加工，自动生成工程量及造价清单，对接到云筑网完成在线采购，实现算量和采购的无缝对接，保证准确算量与高效采购（图 6-34）。

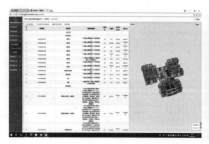

图 6-34　在线采购示意图

6.4.4　智能建造平台应用——综合查询

通过识别构件唯一标识，对构件 BIM 轻量化模型的基本信息、生产信息、质量信息、进度信息、成本信息等进行综合查询（图 6-35）。

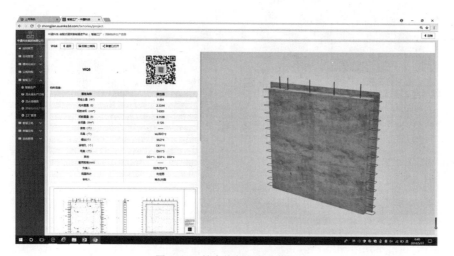

图 6-35　综合信息查询示意图

6.4.5　智能建造平台应用——远程项目监控

结合远程监控系统和机器视觉技术，对工厂和项目进行全天 24h 不间断监控，监控视频结果云端存储同时实时动态数据可在平台远程调取，实现对工厂生产和现场施工的监管（图 6-36）。

图 6-36 远程项目监控示意图

6.4.6 智能建造平台应用——质量管理

通过移动端 APP 实现工厂、现场全生命期质量管控，在线完成质量安全联动检查、整改与复查循环，数据自动同步至云端（图 6-37）。

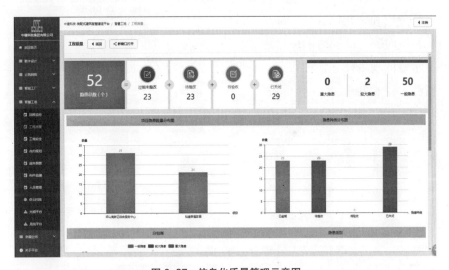

图 6-37 信息化质量管理示意图

6.4.7 智能建造平台应用——人员管理

实名制系统数据可实时显示现场人员名单、所属单位以及个人实名制信息。同时可通过二维码的形式，以人为管理单元将该工人实名制数据传递至其他相关平台（图 6-38）。

08.25 11:48   08.26 15:50

图 6-38　人员管理示意图

6.4.8　智能建造平台应用——进度管理

进度管理系统，利用 BIM 模型，时时录入数据，实现任意指定时间下的工程计划进度与实际进度的对比分析，对施工流水段的相关工序进行分析和优化调整，直接掌控该任务现状对总工期的影响，确保工程项目按时完工。同时，可以将日常施工任务与进度模型挂接，建立基于流水段的现场任务精细管理，并推送任务至相关人员的移动端进行任务指派（图 6-39）。

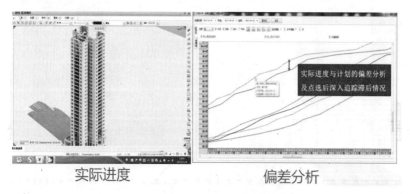

实际进度   偏差分析

图 6-39　实时动态进度管控示意图

6.4.9　智能建造平台应用——成本管理

建立基于 BIM 技术的成本管控云平台，让实际成本数据及时进入数据库，成本汇总、统计、拆分实时调取。建立实际成本 BIM 模型，周期性按时调整维护好该模型，通过平台可以实现工厂和项目各阶段的工程成本精益建造控制（图 6-40）。

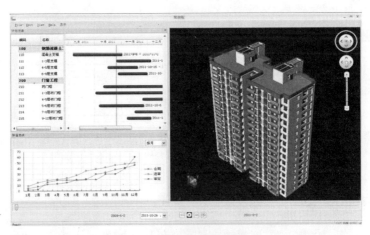

图 6-40　动态成本监控示意图

积极开展先进信息技术和人工智能设备在一体化建造中集成应用，为建造过程提供平台支撑，打通全产业链中数字化设计、智能化生产、智慧化工地等各环节之间的信息共享通道，立足于用智能化手段实现装配式建筑全链条、全流程、全方位的系统性集成智能建造，是实现REMPC 工程总承包高效、优质建造为目标，促进建筑业技术升级、生产方式和管理模式变革，塑造绿色化、工业化、智能化的新型建筑业态。

第 7 章

一体化建造管理模式

一体化建造的工程管理模式是企业技术创新发展的环境、动力和源泉，是工程项目在实施过程中的重要基础和保障，是保证工程建设的质量、效率和效益的关键。技术是企业创新发展的灵魂，采用什么样的技术，决定了企业应该采用什么样的管理模式。信息化是企业现代化管理的重要手段，是企业将运营管理的逻辑与信息互联技术的深度融合，进而实现工程管理精细化和高度组织化。

7.1 工程建设管理现状及发展趋势

7.1.1 工程建设管理现状

改革开放以来，我国建筑业快速发展，建造能力不断增强，产业规模不断扩大，吸纳了大量农村转移劳动力，带动了大量关联产业，对经济社会发展、城乡建设和民生改善做出了重要贡献。但也要看到，建筑业仍然大而不强，监管体制机制不健全、技术系统集成水平低、工程建设管理方式落后、企业核心竞争力不强、工人技能素质偏低等问题较为突出。究其问题的根本原因，主要是我国建筑业长期以来一直延续着计划经济体制下形成的管理体制机制，虽然在某些方面进行了改革，但是从企业经营活动中看，建筑企业的经营管理理念、组织管理内涵和核心能力建设方面没有发生根本性改变。尤其是在工程建设的全过程中，设计、生产、施工相互脱节，房屋建造的过程不连续；整个工程项目管理"碎片化"，不是高度组织化；经营目标切块分割，不是整体效益最大化。这些问题已经直接影响了建筑工程的安全、质量、效率和效益。

当前，建筑业正处在转型升级的关键时期，而临的最大挑战是有效实施新旧产业的新变革，如何从高速增长阶段向高质量发展阶段转变。建筑业如何尽快改变传统落后的生产经营管理方式，调整产业结构，转变增长方式和工程管理模式，打造新时代经济社会发展的新引擎，实现创新发展，其意义十分重大而深远。工程管理模式是保证工程建设质量、效率、效益以及顺利实施的关键所在，随着经济社会的发展和科技水平的进步，工程管理模式逐步发挥着不可忽视的重要价值，在一定程度上在工程整个发展过程中占有十分重要的地位。

7.1.2　工程建设管理发展趋势

（1）工程管理的国际化发展

在我国经济不断与全球市场相互交融的情况下，我国国内不断涌现出越来越多的跨国公司和跨国性项目，同时，我国国内工程企业在海外的项目也因此增加，工程管理模式逐渐呈现出国际化的发展趋势。国外企业往往会利用资金、技术以及管理等方面的优势逐渐占领我国市场，特别是项目工程的承包市场，将会产生巨大的转变。为此，当前在国家"一带一路"大的战略背景下，针对我国工程建设管理模式，应当使其逐渐融入国际市场，与国际工程建设管理接轨，满足国际市场的实际需要，从而提高我国国内企业的国际竞争实力。

（2）工程管理的信息化发展

当前，我国信息化技术前所未有的迅猛发展，不仅深刻影响了人们的生产和生活方式，而且对陈旧的经营观念、僵化的组织机制、粗放的管理模式等各个方面进行着深刻的变革。信息时代的到来不仅推动着各个领域的进步，工程建设领域也不例外，工程管理为满足动态化信息的管理需要，必须加快改变传统化的管理模式，确保有效的信息技术与工程管理模式的有机结合，才能真正实现工程项目经济效益和社会效益的双向发展。信息化技术在建设领域的广泛应用不但改变着建筑业整个行业的体制机制，也改变着工程建造活动的技术体系、组织模式、管理手段和方法。建筑业正在经历一场建造方式的重大变革，信息化技术是推动这场革命的重要手段和主要力量之一。

（3）工程管理的全产业链发展

我国工程在建设过程中，其往往被划分成为几个相对独立的环节，且不同环节往往会通过不同的职能部分或者企业来实现管理。这种职能分割的现象在一定程度上致使工程缺乏整体意识，同时也造成人力资源的浪费，无法达到真正意义上的决策正确性和合理性。在工程发展规模不断扩大的情况下，工程必须实现整体观念，且必须保证各个独立环节之间的协调性和整体性，不同职能部分或者企业同样承担着不同环节的责任和义务，这种局势的转变不仅有利于实现工程管理的专业化和信息化，同时也有助于降低工程风险。

（4）工程管理与技术一体化发展

按照政治经济学的技术决定管理的理论，装配式建筑的发展离不开技术与管理两个核心要素，二者缺一不可，必须要一体化融合发展。因此，发展装配式建筑，必然要充分发挥工程管理的作用，必须要整合优化全产业链上的资源，运用信息技术手段解决设计、生产、施工一体化的管理问题，并且在工程管理模式上有所突破和创新发展，才能保证装配式建筑持续健康发展。装配式建筑发展初期，存在增量建造成本的瓶颈问题，其深层次原因在于，企业还没有形成优化的、系统的、科学合理的技术与管理融合的运营体系，没有专业队伍和熟练工人，尚未建立现代化企业管理模式。因此，现阶段消解装配式建筑增量建造成本的有效手段，就是要建立高效的一体化的工程建设管理模式，这是装配式建筑持续、健康发展的必然要求。在大力发展装配式建筑的新的历史条件下，现行的工程管理模式必然要发生根本性变革。

7.2　一体化建造与 EPC 管理模式

不言而喻，一体化建造的发展理念与 EPC 工程总承包管理模式相契合。EPC 工程总承包模式能够有效解决设计、生产、施工脱节、产业链不完善、信息化程度低、组织管理不协同等问题。EPC 工程总承包模式是实现一体化建造的必然选择。

7.2.1 必要性

（1）EPC 工程总承包模式有利于实现工程建设的高度组织化。工程建设采用 EPC 工程总承包模式管理，业主只需表明投资意图，完成项目的方案设计、功能策划等，之后的工作全部交由总承包完成。从设计阶段，总承包单位就开始介入，全面统筹设计、生产、采购和装配施工，有利于实现设计与构件生产和装配施工的深度交叉和融合，实现设计—生产—施工—运营全过程统一管理，实现工程建设的高度组织化，有效保障工程项目的高效精益建造。借助 BIM 技术，全面考虑设计、制造、装配的系统性和完整性，真正实现"设计、生产、装配的一体化"，发挥装配式建筑的优势。

（2）EPC 工程总承包模式有助于消解装配式建筑的增量成本。装配式建筑在推进过程中存在的突出问题之一就是 PC 构件增量成本问题，在 EPC 工程总承包管理模式下，总承包商作为项目的主导者，从全局进行管理，设计、生产、施工、采购几个环节深度交叉和融合，在设计阶段确定构件部品、物料，然后进行规模化的集中采购，减少项目整体采购成本。在总承包商的统一管理下，各参与方将目标统一到项目整体目标，以项目整体目标最低为标准，全过程优化配置使用资源，统筹各专业和各参与方信息沟通与协调，减少工作界面，降低建造成本。

（3）EPC 工程总承包模式有利于缩短建造工期。在 EPC 工程总承包模式下，对工程项目进行整体设计，在设计阶段制订生产、采购、施工方案，有利于各阶段合理交叉，缩短工期。还能够保证工厂制造和现场装配式技术的协调，以及构件产出与现场需求相吻合，缩短整体工期。借助 BIM 技术，总承包商统筹管理，各参与方、各专业信息能够及时交互与共享，提高效率，减少误差，避免了沟通不畅，减少了沟通协调时间，从而缩短了工期。

（4）EPC 工程总承包模式能够整合全产业链资源，发挥全产业链优势。装配式建筑项目应用传统项目管理模式突出问题之一就是设计、生产、施工脱节，产业链不完善，而EPC工程总承包模式整合了全产业链上的资源，利用信息技术实现了咨询规划、设计、生产、装配施工、管理的全产业链闭合，发挥了最大效率和效益。

（5）EPC工程总承包模式有利于发挥管理的效率和效益。发展装配式建筑有两个核心要素：技术创新和管理创新，现阶段装配式建筑项目运用新的技术成果时仍采用传统粗放的管理模式，项目的总体质量和效益达不到预期的效果，应用EPC工程总承包模式能够解决管理中的问题，解决层层分包、设计与施工脱节等问题，充分发挥管理的效率与效益。

7.2.2　主要优势

发展一体化建造并推行工程总承包管理模式，可以有效地建立先进的技术体系和高效的管理体系，打通产业链的壁垒，解决设计、生产、制作、施工一体化问题，解决技术与管理脱节问题。通过采用工程总承包模式保证工程建设高度组织化，降低先期成本提高问题，实现资源优化、整体效益最大化，这与建筑产业现代化的发展要求与目的不谋而合，具有一举多得之效。采用EPC工程总承包模式的主要优势具体体现在：

（1）规模优势。通过采用EPC工程总承包模式，可以使企业实现规模化发展，逐步做大做强，并具备和掌握与工程规模相适应的条件和能力。

（2）技术优势。采用EPC工程总承包模式，可进一步激发企业创新能力，促进研发并拥有核心技术和产品，由此提升企业的核心能力，为企业赢得超额利润。

（3）管理优势。采用EPC工程总承包模式，可形成企业具有自己特色的管理模式，把企业的活力充分发挥出来。

（4）产业链优势。通过工程总承包模式，可以整合优化整个产业链上的资源，解决设计、制作、施工一体化问题。

7.2.3　主要作用

实现一体化建造在工程项目建设方面主要发挥以下作用：

（1）节约工期。通过设计单位与施工单位协调配合，分阶段设计，使施工进度大大提升。比如：深基坑施工与建筑施工图设计交叉同步；装修阶段可提前介入、穿插作业等。

（2）成本可控。EPC工程总承包是全过程管控。工程造价控制融入了设计环节，注重设计的可施工性，减少变更带来索赔，最大程度地保证成本可控。

（3）责任明确。采用EPC工程总承包模式使工程质量责任主体清晰明确，一个责任主体，避免职责不清。尤其是保证施工图最大限度减少设计文件的错、漏、碰、缺。

（4）管理简化。在工程项目实施的设计管理、造价管理、商务协调、材料采购、项目管理及财务税制等方面，统一在一个企业团队管理，便于协调、避免相互扯皮。

（5）降低风险。通过采用EPC工程总承包管理，避免了不良企业挂靠中标，以及项目实施中的大量索赔等后期管理问题。尤其是杜绝"低价中标高价结算"的风险隐患。

7.3　一体化建造能力建设

7.3.1　核心能力的概念及特征

核心能力（Core Competence）又名核心竞争力或者核心专长，由字面意思可知，其是企业的一种独有的资源或者特长，是企业提高生产效率，从而实现可持续发展的重要保障。20世纪90年代，美国经济学家哈默尔（G. Hamel）和普拉哈拉德（C.K. Prahalad）在《哈佛商业评论》中的《企业核心竞争力》中首次提到了"核心竞争力"这一词汇，并对其概念进行了具体阐述，他们认为，核心竞争力是组织中的共性学识，尤其是在协调不同生产技能以及整合多种技术方面，在管理学相关理论中具有十分重要的地位。这个概念，可以从以下几个方面来诠释：第一个是"共有性"，指的是这种特有能力不受个体的存在而影响，它是属于整个企业的；第二个是"协调"以及"整合"，指的是这种独有能力的形成是建立在对企业运作中的资源进行整合过程的基础上的，而不是零散的；第三个是"技能"以及"技术流"，指的是这种能力能够直观反映出企业在生产技术方面的创新能力。此后，核心竞争力的理论相继得到了学术界以及企业管理人员的高度认可，并且在理论和实践方面得到了迅速的发展，甚至已经延伸到了管理和经济之外的一些领域中。但是不同学者基于不同的研究角度，对于核心竞争力的内涵还没有形成统一的定义，而是形成了几大流派，主要有竞争观、文化观、知识观、资源观及整合观核心竞争力等。核心竞争能力具有如下特征：

（1）独特性。核心竞争力是一个特定组织在长期的生产经营过程中通过一系列的学习以及信息共享而缓慢形成的独特能力，是特定组织个性化长期发展的最终产物，这也就决定了核心竞争力是不易被其他组织所模仿的。核心竞争力既包括了其在公共平台所发布的一些信息资源，也包含了处于保密状态的技术优势，它与组织的特殊性是密切相关的，产生于独特的组织机制以及特殊的环境中，所以两个企业拥有同样或者相似的核心竞争力几乎是没有可能的，核心竞争力是无法模仿的，也是无法通过交易来获取的。

（2）价值性。核心竞争力在企业中最显著的作用就是明显提高了企业的生产效率，这就使得企业在竞争市场中较相对竞争对手拥有了一定的优势，更容易取得投资成功。核心竞争力的价值性主要表现在两个方面：一个是对企业而言，能够创造更多的价值，从而获取更多的市场优势；另一个则是相对客户而言，核心竞争力能够促进客户价值的实现，为其提供满意的服务以及产品。因此，不论是从企业角度还是客户角度来说，核心竞争力都具有价值性。

（3）长期性。核心竞争力是企业在发展过程中逐渐积累形成的，需要不断地完善和强化，这个过程可能需要相当长的时间。通常来说，国际一流企业的核心竞争力形成所需要的时间相对较短，一般为十几年左右，而管理机制不够完善的中小型企业在核心竞争力的形成上所需要花费的时间则更多，就建筑施工企业来说，其核心竞争力形成花费的时间是由其项目的流动性以及建设周期的长期性决定的。与此同时，企业的竞争优势也会随着市场环境的变动而发生改变，要想在日益激烈的市场竞争中不被淘汰，就必须针对企业的核心竞争力进行持续的创新和培育，否则，企业的核心竞争力就会逐渐变弱，从而被其他企业赶超甚至淘汰。

（4）动态性。企业的核心竞争力的强弱并不是一成不变的，其会随着外部环境的变动而发生一定的变化，同时也会受到企业内部环境的影响，外部环境主要表现为：市场供求关系、产业动态等；内部环境主要表现为：组织结构、信息技术等。因此企业需要进行不断的创新和培育来保持竞争力的稳定性，实现差别化竞争，创造可持续利润。

7.3.2 EPC 工程总承包模式企业核心能力分析

目前我国具备 EPC 工程总承包能力的企业较少，从事工程总承包的企业按照核心能力要求，大致可以归纳为以下几类：

（1）依靠设备制造能力从事工程总承包。中国这一模式的企业主要包括电气设备制造商、高铁设备制造商，中国中车等企业承接了大量工程总包业务，其依靠的就是在设备方面的杰出能力。

（2）依靠技术能力从事工程总承包。化工行业的设计院很早进入工程总承包业务领域，也较早地转型为工程公司，他们在技术、新工艺、关键部件的设计制造上都有优势，而工业领域的总承包模式从化工设计院起步，逐步从化工行业逐步延伸到电力、有色、黑色、电子、医药、轻工、造船等诸多行业，我们看到综合能力强的设计院都布局总承包业务，也承接了相当体量的总承包项目。

（3）依靠总承包管理能力从事工程总承包。目前多数建筑施工企业没有设备制造能力、没有设计能力、工艺等技术能力，建筑业是针对房屋建设的专项业务，要从事总承包业务，就必须整合这些能力，要具备设计能力，要有构件生产能力，从而形成设计、生产、施工的技术与管理的组织能力。

7.3.3 EPC 工程总承包模式企业核心能力建设

EPC 工程总承包企业是我国大型建筑业企业的项目组织实施方式变革的目标模式，这一新的企业模式与传统模式相比，不仅表现在建造技术和核心业务上，更重要体现在经营理念、组织内涵和核心能力方面发生了根本性变革。

在经营理念方面，是以房屋建筑为最终产品的理念，并以实现工程项目的整体效益最大化为经营目标。在组织内涵方面，主要是建立了对整个工程项目实行整体策划、全面部署、协同运营的承包体系。在核心能力方面，重点体现在技术产品的集成能力和组织管理的协同能力，并具有独特性。具体体现在以下方面：

（1）具有完善的总承包企业组织机构。EPC 工程总承包项目的实施需要强有力的组织保障体系，在目前我国大型施工企业还没有建立 EPC 工程总承包模式时，仅仅对项目部层面的组织结构和职责分工做出一般性规定，甚至将 EPC 项目管理等同于项目部对项目的管理，难以满足 EPC 项目成功实施的组织功能需要。EPC 项目完整的生产管理过程应包括：企业组织体系内各职能部门的参与，各职能部门不仅需要制订计划、提供资源，完成专业监督、指导和控制任务，而且直接以类似分包商的性质参与生产活动。在项目实施过程中，总承包企业在以项目部为中心的同时，还应考虑企业总部职能部门和项目部的纵向协调、工作界面、利益分配机制以及跨企业组织的横向协调工作。

（2）建立 EPC 工程总承包项目管理体系。管理体系与管理流程是 EPC 工程总承包的生产标准和依据。主要包括：建筑设计、生产工艺、施工工法以及产品选型等技术标准；采购、施工、合同、风险等管理流程；项目质量控制、验收标准；安全环保保证措施；职业健康保障措施等。

（3）形成企业的核心技术体系。首先要建立以房屋建筑为最终产品的技术思维，形成建筑、结构、机电、装修一体化的集成技术体系。一体化的集成技术体系具有系统化、集约化的显著特征。为此，要针对房屋建筑的主体结构、外围护结构、机电设备、装饰装修系统进行总体的技术优化，多专业协同，制定技术接口标准和协同原则，从而形成适合企业特有的核心技术体系，具有企业的核心竞争力。

（4）建立市场化协作化的专业分包队伍。工程总承包并不是一般意义上设计、采购、施工环节的简单叠加，更不是"大包大揽"，应具有自己独特的管理内涵。重要的是如何运用总承包的管理协调和整合能力，对市场资源的掌握以及对各专业分包企业的管理能力。要培育并建立一个稳定的长期的专业分包合作队伍，在技术、管理以及组织、协调等各方面形成密切配合、有序实施和高效运营。

（5）建立工程设计研发团队。EPC 工程总承包项目是一个以设计为主导的系统工程，设计是灵魂，设计贯穿 EPC 工程总承包的全过程，是保证质量、缩短工期和降低成本的有力保障。要通过建筑师对建造全过程的控制，进而实现工程建造的标准化、一体化、工业化和高度组织化。设计研发团队的设置是 EPC 工程总承包组织管理的重要组成部分，其设计能力和水平直接影响到工程项目的质量、效率和效益。

（6）建立集约化采购管理系统。建筑材料、部品和设备采购工作在 EPC 工程总承包模式下发挥着重要作用，尤其是采购在设计和施工的衔接中直接影响到项目的目标控制，包括成本控制、进度控制和质量控制，具有承上启下的作用。

（7）掌握预制构件的生产技术能力。装配式建筑的建造过程是一个产品生产的系统流程，对于装配式建筑项目采用 EPC 工程总承包模式，首先必须要熟悉、掌握预制构件的生产技术，有条件的企业要具备构件生产的能力。只有熟悉并掌握预制构件的生产技术，打通技术壁垒，优化产业链资源，才能真正实现设计、生产、施工一体化。

（8）建立企业信息化管理平台。信息化技术是 EPC 工程总承包实现高质量发展的重要手段。EPC 工程总承包是一个完整的、复杂的、系统化的运营过程。难度大、协同性强、动态管理等非同一般，全面实施的唯一有效手段就是信息化管理。企业建立信息化管理平台，将企业内部各种信息化软件系统整合到信息化管理平台上，实现企业上下的互联互通，内部运营管理的信息共享，进而提升企业运营管理效率。企业信息化管理平台是针对不同规模企业、不同管理模式、不同业务流程等开发定制。

在工程总承包管理模式的组织架构下，每个建筑企业都需要形成一套自己的以技术和管理为基本内涵的专用体系，可以激发企业的技术创新能力，即"创造力"；企业还需要打造自身的项目管理信息平台，这对于企业资源整理能力即"整合力"有很大的促进作用；同时，建筑企业必须有效落实全面质量安全管理，这一过程对企业的全面管控能力即"执行力"的提升具有不可忽视的作用。因此，工程总承包的发展有助于建筑企业实现规模化发展，做大做强，具备和掌握与工程规模相适应的条件和能力，扩大规模优势；有助于激励企业拥有核心技术，生产出核心产品，为企业赢得超额利润，扩大技术优势；有助于企业形成具有自己特色的管理模式，整合优化整个产业链上的资源，解决设计、制作、施工一体化问题，充分发挥企业活力，扩大管理优势。推行工程总承包管理模式能够帮助建筑企业打造核心技术体系、项目管理体系和信息化管理平台，尽快进入"研发设计＋管理团队"的高级发展阶段，提高企业的核心竞争力。

第 8 章

一体化建造实践案例

【案例 1】 我与孟建民院士"三个一体化发展论"对谈录

2017 年 2 月 18 日，我有幸与孟建民院士相聚鹏城（图 1），并与深圳市住房和建设局王宝玉处长、岑岩主任等装配式建筑的管理者和实践者针对装配式建筑的"三个一体化发展论"，展开了一场有意义的讨论。

图 1 　与孟建民院士商谈

主持人：这次对谈源起于一年前孟院士和叶总在北京的第一次见面。当时两位一见面就碰撞出了学术火花，作为亲历者，至今记忆犹新。今天我们再度聚谈，我续上去年在北京的话题，开场主题是请两位就"全方位思考、全过程统合、全专业协同"的"三全方法论"和装配式建筑发展的设计、生产、施工一体化；建筑、结构、机电、内装一体化；技术、管理和市场一体化，即"三个一体化"发展思想展开讨论。

首先，请允许我向两位在建设科技领域不倦探索的学者表示衷心的祝贺，同时也感谢两位能接受邀请，让我们能现场聆听两位精彩、专业的对谈，感受两位的学术精髓。

好！时间留给两位先生。

叶浩文：要想搞好装配式建筑，就得一体化的发展。建筑从诞生的那天起就是一体化建造、一体化发展。在古代，鲁班自己画图、自己加工木构件、自己装配，长城的建造也是如此。

我就抛砖引玉，把这一两年来关于装配式建筑的一些想法跟院士做个交流。我们国家目前鼓励大力发展绿色建筑、装配式建筑，中央和地方政府也密集出台多项政策，国家的推动力度非常大，但落实和实施起来存在一定的难度。全国各地发展水平参差不齐，国务院把它分为三个区域：京津冀、长三角、珠三角作为重点发展；人口三百万以上的城市作为积极发展；其他地区作为鼓励发展。虽然装配式建筑市场潜力巨大，但是由于工作基础薄弱，发展形势仍不能盲目乐观。社会化生产不够成熟，设计、加工、装配脱节，技术、管理、市场脱节，没有形成一体化产业发展的合力。我们兼顾中国建筑和行业发展的责任，未来如何推动装配式建筑的发展，需要一流的思想和智慧。这是我们成立院士工作站的初衷。

要想搞好装配式建筑，就得一体化的发展。建筑从诞生的那天起就是一体化建造、一体化发展。后来社会发展，分工细化，设计、施工都被分成若干个环节，彼此脱节。经过我们团队近几年的实践，提出"三个一体化"的发展思维，破解装配式建筑发展的难题，也是符合现阶段发展的情况。首先，"建筑、结构、机电、装修一体化"，是从系统性装配的要求考虑，它们各自既是一个完整独立存在的子系统，又共同构成建筑工程项目这个更大的系统；其次，"设计、加工、装配一体化"是从工业化生产的要求考虑，统筹考虑设计产品的加工环节和装配环节，突破以往设计方案制订后，再制订加工方案和装配方案，导致设计、加工、装配难以协同的瓶颈；最后，"技术、管理、市场一体化"是从建筑产业化发展的要求考虑，需建立成熟完善的技术体系，必须建立与之相适应的管理模式，需建立与技术体系、管理模式相适应的市场机制，营造良好的市场环境。

深圳作为我国改革开放的窗口，积极响应国家的政策，率先提出EPC一体化这种发展模式，住建局、工务署已经在保障房项目中试点示范，这是推行绿色建筑、装配式建筑非常好的开端。

孟建民：我们应该追求建筑的原创性，始终聚焦对建筑基本问题的合理有效解决，希望建筑作品能给人以全方位的人文关怀，而且这正是建筑师最需要秉持的重要责任。"三个一体化"和"本原设计"有异曲同工之处，这也正是我们联合的思想基础，因为我们形成了共鸣。

听了叶总的阐述，我对"三个一体化"有了更全面的了解。"设计、加工、装配一体化"、"建筑、结构、机电、装修一体化"以及"技术、管理、市场一体化"，这三个一体化的研究成果将对我们国家推行建筑产业现代化具有一定的指导意义。叶总的"三个一体化"和我倡导的"本原设计"理念不谋而合。我提出践行"本原设计"的"全方位思考，全过程统合，全专业协同"的技术方法与路径。"全方位思考"源自于对"全方位人文关怀"理念之延伸，建筑对人的服务要周全，在设计内容、形式和技术上要周全。为了实现周全的设计必须要做到"全过程统合"。所谓全过程是指从建筑策划、立项、计划、规划、方案、初步设计、施工图、建造、运营及景观、室内标识等设计环节的全过程结合。避免多头管理、责任不清，项目总建筑师统筹全过程，贯穿每一个环节，消除边界扯皮。全过程统合可实现责任到人，职责清晰，提升工作效率与设计品质。在此过程中，还要落实"全专业协同"。以往我国的建筑设计在各专业的协同方面做得比较薄弱，各专业间互动停留在低层次上，使得各专业设计图样之间容易存在"错漏空缺"，边界和标准化的衔接不上，造成内耗，低效。刚才叶总也提到古人做工程、搞建筑都是全过程负责。我们应该追求建筑的原创性，始终聚焦对建筑基本问题的合理有效解决，希望建筑作品能给人以全方位的人文关怀，而且这正是建筑师最需要秉持的重要责任。

我们要充分发挥中国建筑科技集团有限公司（以下简称"中建科技"）院士工作站的作用，现在有七名院士，实力雄厚，我们要整合资源，为装配式建筑的研究创造条件，多做学术交流，产生更多"三个一体化"的研究成果，这是我们设置工作站的价值和意义。同时，还要大力宣传和推广"三个一体化"的思想。通过报刊，如深圳特区报、深圳商报等，从中央到地方，从行业到社会，让大家形成一种广泛的共识，使我们这个"三个一体化"的思维得到尊重、贯彻和执行。当然我们仅仅代表一方面，政府在这方面扮演着更重要的角色，还要听王处、岑主任的指导意见。

王宝玉： 首先对中建科技院士工作站的成立表示祝贺，孟院士和叶董事长，这是一个好的团队和一个好的领路人的结合，我们不仅需要专家，更需要领路人，所以工作站的成立，对我们深圳市推行装配式建筑意义重大。很多人听到装配式建筑，就认为是混凝土结构，或者是构件生产完后运到现场吊装，这都是对装配式建筑简单片面的理解，忽略了它的本质和内在。推行装配式建筑，既要打破原有的这种思维模式，也要打破原有的管理模式，就像孟院士"本原设计"、叶董事长在"三个一体化"里说到的回到本质、内涵。我们要提高思想认知、加强新技术运用和研究、改善传统的管理体制，用新高度、新的视觉来看待它。装配式这种全新的理念，不仅是产业转型升级的核心，也是我们供给侧改革的重点。推行装配式的痛点在哪里？首先是要研究技术体系，其次是管理。这里的管理不仅是指企业、施工单位，还有甲方。深圳市最近推行了实施装配式建筑的住宅项目的面积奖励政策，大大提升了开发商的积极性。但是，许多甲方依旧用传统的设计、报价、招标的模式来推行装配式，而不是 EPC 的模式，他们对装配式建筑的运作依然存在许多空白、顾虑和担忧。他们不仅关心技术，还有成本、造价、工期、质量、安全等，这些都是市场的"痛点"，都需要我们研究和帮助解决。希望我们能重视对市场"痛点"的了解，有针对性地解决好这些"痛点"，从而推进装配式建筑的可持续发展。

孟建民：王处谈得特别好，从政府管理者、使用者角度分析，更实际。在大力发展装配式建筑过程中，要对一些指导方针进行一种反思和梳理，找出痛点，向本原回归，统筹技术、管理和市场，全方位思考，使之更加符合装配式建筑发展的需求。

叶浩文：市场环境的培育，还需要政府政策的扶持。装配式建筑作为创新产业，在发展起步期，尤其需要政府引导与支持。在财政支持方面，对装配式建筑项目给予一定的财政补贴、返还部分土地出让金、提高容积率、提前预售卖楼等。在金融支持方面，引导金融机构在装配式建筑项目的开发贷款利率、购房者贷款利息和首付比例上给予相应的浮动优惠等。在科研支持方面，加大对装配式建筑关键技术研究经费的支持，扶持优秀企业申报国家住宅产业示范基地和国家高新技术企业，并享有相关税费返还政策。实际上，国家的供给侧改革，是技术的革命，兼顾技术创新和管理创新。

最近和广东省科技处、省厅、建委都做了些交流。他们的顾虑主要是两点：一是技术安全，二是成本控制。20世纪70年代大板时代已经过去，技术也发生了翻天覆地的变化，预制装配的建造方式不仅能提高建筑的寿命、改善生活品质，还能减少对环境的干扰。成本增量主要原因是设计与施工脱节，增加了投入周期。在国外，EPC是施工方牵头，设计服从施工总承包，但国内这方面的认识还很欠缺。人类已经从农耕进入现代文明，但是建筑建造还是手工为主，没有进入工业化，这是成本没有得到解决的根本原因。

孟建民：设计要赋予创意，对建筑技术的应用，在方案阶段就要体现，初步设计审查也应该进行考核。要形成全过程的应用，只有全过程的参与才能形成良好的衔接，避免设计脱节造成的成本增量。

叶浩文：我们强调"建筑服务于人"，全方位，全过程的，要回归本原，就必须反思建筑之本义，积累回归本原的力量，实现"全方位人文关怀"。我们要把这个理念贯彻到装配式建筑设计中。讲到工业化，一定会提到标准化、模数化。许多开发商和各级政府担心标准化设计后，建筑变得千篇一律。从以人为本的角度出发，这种顾虑是多余的。

我们讲的标准化，是将整个设计中构配件、零部件标准化，模块标准化，组合平面和立面千变万化。今年，我们院士工作站在孟院士的带领下，要努力完成两件事情：一是深圳住建局高度关注的保障房的第二代产品，从建筑、结构、机电到装修的全方位更新，做成真正符合时代的模块化、标准化工业产品；二是研制开发回归本原的预制综合管廊和公共建筑产品。

王宝玉：我们要想把装配式建筑发展好，还要仔细研究 BIM 的使用。在国外，建筑信息模型很早得以运用。但目前，国内全过程的 BIM 运作还存在难点，装配式建筑不仅仅是建筑结构技术的革命，也是先进信息技术的革命。目前，上海在这方面还是很有实力，我提议叶总申请一个国家级的实验室。

叶浩文：上海有几家非常有实力的机构来支撑，包括同济大学、东南大学、华东院等。住房城乡建设部给我们授了一个工业化集成建造中心，我们计划逐渐把它打造成国家级的实验室。要想把设计各个专业、加工、施工统筹起来就必须要 BIM。目前 BIM 在建筑业的工厂加工方面还是空白，工厂有 ERP（资源管控），没有 BIM，要用三维模型的协同设计、制造、建造是很有难度的。我们今年的目标是，通过几个项目，将建筑设计 - 加工 - 装配式过程的 BIM 信息化管理平台研究成熟。

岑岩：感谢工务署和叶总，在裕璟幸福家园项目进行了《深圳市保障性住房标准设计》的工程实践，并且按 EPC 的模式进行建设，而且实现了从设计、加工、施工等环节实现了"全员、全专业、全过程 BIM"，取消了 CAD 制图，形成了全产业链 BIM 管理的雏形。我认为装配式建筑研究 BIM 有天然的优势，我们要把它做实，难点在于管理与 BIM 的协同，BIM 对现场管理、项目部的管理以及工程站的管理。其次建立智慧建造的系统，包括以后政府的执法、城市级智慧城市的构建。从物理的基础来讲，建筑红线以外采用 GIS 系统，红线以内采用 BIM 系统，通过这样实现城市信息化的无缝对接，构成整个城市的智慧建造系统。如叶总讲的，我们通过项目多实验、多研究，我们也会尽力支持院士工作站的工作。

总结一下，我理解孟院士的本原设计，以人为本，全过程，不忘初心、不忘人本。叶总的"三个一体化"虽然从工程的角度来说，但本质就是要建筑服务于人，回归于对人的关怀和服务。还要感谢王处，新年伊始连续发布了三个装配式建筑的指导性文件。对政府来讲，只要坚持技术、管理和市场一体，推行各种政策机制，发挥技术支撑的作用，优化管理模式，才能发挥市场的积极性。我们要向制造业学习，从系统工程的角度去分析整个装配式建筑，增强管理创效能力，推行 EPC 五化一体管理模式，提升全产业链技术体系的集成能力，优化管理模式。

孟建民：我同意岑主任的想法，工作站成立后，我们应整合资源，加强协同，学习别人的长处，不能固步自封。今天的座谈会非常的好，未来应该多发挥院士工作站的平台力量，在装配式建筑的技术研发、BIM 建设、工业化产品研发等课题研究上与中建科技共同实践。中建科技有实力、有影响，深圳住建局从政府层面给予支持，我们共同推进研究和实践工作，肯定会做出一些新的成绩。

（该文主要摘自：廖敏清，"三全方法论"与"三个一体化发展论"的共鸣——孟建民院士、叶浩文先生对谈录 [J]，住宅与房地产，2017）

【案例 2】 我与袁镔教授就"装配式建筑发展问题"采访录

2017 年 4 月，我有幸在中建科技有限公司办公室接受了《生态城市与绿色建筑》杂志主编袁镔教授的采访（图1），就当前绿色发展背景下装配式建筑的现状及发展进行了深入的对话。

图 1　与袁镔教授合影

袁镔：2016 年国务院出台了《关于大力发展装配式建筑的指导意见》，提出力争用 10 年左右的时间，使装配式建筑占新建建筑面积的比例达到30%。现阶段，我国为什么要大力推广装配式建筑？我国装配式建筑发展的现状如何，处于什么样的阶段？

我国的装配式建筑于中华人民共和国成立后开始起步，在 1970 ~ 1980 年代出现了建筑工业化、装配化的高潮。改革开放后，随着经济发展水平的提高，人们对住宅多样化和个性化的要求日益提升，加之装配式大板建筑本身存有防水、外观等方面的弊端，因此逐渐淡出了人们的视线。近几年，鉴于绿色发展、建筑业转型升级等要求，住房城乡建设部提出大力发展装配式建筑，发布了三大装配式建筑规范及《装配式建筑评价标准（征求意见稿）》（建标标函〔2016〕248 号）（以下简称《意见》）。从整体现状和趋势来看，装配式建筑已成为我国未来的战略发展方向。

叶浩文：1970 ~ 1980 年代出现的装配式大板建筑是在当时经济基础薄弱、钢筋水泥等材料缺乏的情况下，基于刚性需求和建设效率提出的，因其存在防水、抗震以及外观设计等问题被逐渐弃用。而在现阶段，从国际范围来看装配式建筑技术已经成熟，在此情况下，中央提出大力发展装配式建筑具有国家战略层面的意义，概括地讲，集中体现为 5 个方面需要，即贯彻党中央绿色发展的需要，实现建筑产业现代化的需要，保证工程质量的需要，缩短建设周期的需要及推进供给侧改革的需要。《意见》明确指出：发展装配式建筑是建造方式的重大变革，是推进供给侧结构性改革和新型城镇化发展的重要举措，有利于节约资源能源、减少施工污染、提升劳动生产效率和质量安全水平，有利于促进建筑业与信息化工业化深度融合、培育新产业新动能、推动化解过剩产能。

相关数据显示，当前建筑业的能耗较高，相关能耗占社会总能耗的30%左右。而装配式建筑大部分在工厂生产，能大大降低施工能耗。据统计，采用装配式建筑可实现节水80%、节能70%、节材20%、节地20%。同时，通过工厂生产和现场装配，最大限度地将传统现浇施工的室外作业、高空作业和手工作业转变为室内作业、地面作业和机械作业，不仅有利于改善建筑业的劳动作业环境，也有助于进一步提高建筑业的安全生产管理水平。

总体而言，我国装配式建筑的发展仍处于初级阶段，其比例和规模都不尽如人意，在发展中存在4个方面瓶颈：

（1）市场培育不够充分。虽然国家和各地政府积极引导，但公众认识还较为保守，市场投资主体主动采用装配式建造方式的意愿还不是很强烈；

（2）技术体系不够成熟。装配式建筑在技术标准的编制推广、产品体系的发展完善、关键技术的集成创新、工厂生产自动化工艺等方面还存有较大不足；

（3）质量管控工作有待加强。当前装配式建筑的工厂生产检测和连接装配验收等环节还不规范，可能带来重大的质量安全隐患；

（4）行业队伍水平有待提升。行业内工程技术人员的能力水平需要提高，施工人员操作技能的培训也急需加强。

虽然我国装配式建筑在发展过程中还有诸多不足，但随着中共中央、国务院发展装配式建筑顶层设计的陆续出台，以及住房和城乡建设部和各地方具体政策的逐步落地，装配式建筑已在我国形成了很好的政策发展环境。据不完全统计，目前已有17个省50多个市相继出台发展装配式建筑的指导文件，2016年全国新开工的装配式建筑面积已超过3500万 m^2。同时，为进一步明确发展装配式建筑的阶段性任务，引导其规范化发展，住房城乡建设部出台了《"十三五"装配式建筑行动方案》（建科〔2017〕77号），并于2016年6月1日正式实施《装配式混凝土建筑技术标准》GB/T 51231—2016、《装配式钢结构建筑技术标准》GB/T 51232—2016 和《装配式木结构建筑技术标准》GB/T 51233—2016,《装配式建筑评价标准(征求意见稿)》也已形成。此外,科技部还在"十三五"重大专项课题研究中广泛组织行业人员进行建筑工业化科研课题攻关,对基础理论、顶层设计、产业链整合和技术评估等多方面进行深入研究。我真切地感受到自 2016 年以来,全行业发展装配式建筑的激情已全面点燃。相信在不远的将来,装配式建筑在设计方法、全产业链统筹、生产自动化及智能化、现场装配工法及工艺上都会有较大突破,并从技术体系与管理水平上有力助推装配式建筑的产业化发展。

袁镔:预制率或装配率是装配式建筑的重要指标之一,也是政府制定装配式建筑扶持政策的主要依据指标。能否谈谈您对装配式建筑装配率的看法?

叶浩文:住房城乡建设部组织全国专家编制的《装配式建筑评价标准(征求意见稿)》提出以装配率衡量装配式建筑的装配化程度,并明确指出其衡量指标包括:装配式建筑的承重结构、围护墙体和分隔墙体、装修与设备管线等。可以从 4 个方面来理解把"装配率"作为衡量指标的原因。

第一,是实现建造方式转变的需要。大力发展装配式建筑,就是要推行有利于节约资源能源、减少施工污染、提升劳动生产效率和质量安全水平的预制装配建造方式,这是生产方式的一次重大变革。这种先进生产方式的最显著标志就是将传统的大量现场施工转移到工厂进行加工制造,而装配部分的工程量基本是通过工厂生产加工的,因此将"装配率"作为装配化程度的衡量指标,无疑是一种科学的评价依据。并且,若想评定一个项目的建造方式到底是现浇还是预制,就应有一定的"量",如果一个项目包括主要受力构件在内的大部分构件都是预制装配的,而并非少数、辅助构成,即实现量变到质变,才是实现了建造方式的转变。从建造方式的角度对装配率提出要求,有利于推动装配式建筑的发展,但若主要受力构件不做预制装配,则装配式建筑很难有大的突破,生产方式也不会有大的突破。

第二,是推动装配式建筑系统化装配的需要。《意见》将装配式建筑定义为：用预制部品部件在工地装配而成的建筑。这表明装配式建筑应以"预制装配为主"，是"建筑、结构、机电、装修一体化"的建筑。如果只做结构部分的装配，那便谈不上"装配式建筑"，而仅是"装配式结构"。把建筑的围护墙体和分隔墙体、装修与设备管管线等，连同建筑的主体结构一并纳入"装配率"的考核指标，更有利于推动装配式建筑的一体化设计和系统化装配，更有利于提升装配式建筑的整体质量和建造品质。

第三，是推动各地装配式建筑均衡发展的需要。近两年我国装配式建筑的发展呈现出明显的不均衡态势，上海、合肥、深圳等地积极探索装配式建筑的自身发展规律，并结合国外的先进经验，发展水平较高，装配率提高很快，有的工程项目已达到 80% 以上，且在连接技术和隔震抗震技术等方面取得了很好的创新突破。"装配率"评价标准的出台，有利于进一步促进各地区装配式建筑的均衡发展，全面提升我国装配式建筑的整体建造水平。

第四，是带动新兴产业规模化发展的需要。国家之所以大力发展装配式建筑，还因其能够催生一些新的产业，促进经济发展，产生新的动能。近两年，伴随着装配式建筑的发展，在围护墙体和分隔墙体、装修与设备管线等领域，已产生了诸如门窗、墙板和卫浴、厨房类等生产制造企业，但由于标准化、通用化程度低，这类企业尚未实现规模化发展。此次将"装配率"作为衡量指标，非常有助于加快推动部品部件和机电管线生产的标准化、模块化、规模化，带动新兴产业的快速发展，进一步适应我国推进新型城镇化建设的发展需要。

袁镔：那么装配率与建筑工业化是什么关系？

叶浩文：简单地讲，"装配率"指的是单体建筑正负零标高以上的承重结构、围护墙体和分隔墙体、装修与设备管线采用预制部品部件的综合比例。而"建筑工业化"早在 1970 年代就有通用的定义，即按照大工业生产方式改造建筑业，使之逐步从手工业生产转向社会化大生产的过程，其基本途径是设计标准化、构配件生产工厂化、施工机械化和组织管理科学化。进入 21 世纪，又提出了"新型建筑工业化"的概念，即以采用标准化设计、工厂化生产、装配化施工、一体化装修和信息化管理为主要特征的生产方式，在开发、设计、生产、施工、运维等环节形成完整有机的产业链，实现建造全过程的工业化、信息化、集约化和社会化。

从上述概念可以看出，虽然装配率与建筑工业化没有直接关系，但二者也存在一定的联系：装配率体现的是一个装配式建筑的装配化程度，而发展装配式建筑是推进建筑工业化的有效手段，因此装配率的高低会影响到工厂加工构件部品的"量"，而这个"量"会在一定程度上体现建筑工业化的整体发展水平。

袁镔：可以从以下 3 个方面理解装配式建筑。第一，标准化设计：建筑部品应有模数才能进行批量化生产，模数化是大规模工业化生产的基础，工厂所生产的模数化部件、构件要能通用于在大多数建筑项目，而不能只适用于某个具体项目；第二，装配式建造的完整过程应该包括标准化设计、工厂化生产、装配式施工以及后期的信息化管理 4 个步骤。同时，装配式建筑不仅是人们（包括建筑设计从业者）通常所认为的主体结构的装配化，还应该包括建筑、结构、内装体系和机电设备 4 个系统的统筹和装配化。

现在，国家已经开展了很多装配式建筑的试点、示范项目，与传统建筑相比，这些示范项目在节约成本、提高生产效率等方面有哪些实际优势？

叶浩文：装配式建筑目前尚处于发展初期，各地区采取的技术还不统一。此前由于设计、加工生产、施工装配等产业环节脱节，导致装配式建筑与传统现浇方式相比，成本有所增加、施工进度却不快。为适应装配式建筑的发展要求，国家明确提出：装配式建筑项目原则上应采用工程总承包模式。

来自各领域的专家研究认为，EPC（Engineering Procurement Construction，设计、采购、施工总承包）工程总承包管理模式是装配式建筑降低成本、实现又好又快发展的重要模式。通过调研在建的装配式建筑示范项目发现，EPC 建造模式已成为解决装配式建筑效率、质量和成本问题的有效方案。综合来讲，在装配式建筑项目中采取 EPC 模式有 6 大明显优势。

第一，有利于实现工程建造组织化。EPC 模式明晰了工程建设单位的职责定位，改变了传统管理模式的碎片化，激活了工程总承包方的统筹能力，推进了装配式建筑设计、采购、制造、施工的高度融合和无缝衔接，有助于实现工程建设的高效组织。

第二，有利于实现工程建造系统化。EPC 模式使项目各方在工程总承包方的统筹下形成有机的整体，通过 BIM（Building Information Modeling，建筑信息模型）技术的全过程应用，在统一的项目管理平台下，集成应用各专业软件，统一标准化接口，保证信息共享、协同工作，实现建筑、结构、机电、装修的系统化装配。

第三，有利于实现工程建造精益化。EPC 模式使工程建设主体责任更加明确，在管理机制上保障了质量安全管理体系的完整、全覆盖，能有效落实各方主体质量安全责任。同时，有利于全面发挥技术体系优势，促进技术与管理的融合，实现精细化管理，全面提升工程质量，确保安全生产，适应"美丽中国、健康中国、平安中国"的发展要求。

第四，有利于实现建造成本最低化。在 EPC 模式下，通过设计优化、集中采购和统一管控，有利于降低工程建造成本。工程总包方将各参建方目标统一到项目整体目标中，能以整体成本最低为目标，取得施工各方的最大化利益。

第五，有利于实现工期管理最优化。在 EPC 模式下，通过整体设计，有序把控工厂生产和现场装配的重要节点，突破时间、空间限制，做到合理统筹、穿插施工，能发挥其高效建造优势，极大缩短工程建设工期。

第六，有利于实现技术创新集成化。EPC 模式有利于项目结合整体目标需求，明确体系化的技术研发方向，集成创新工程建造技术。避免从局部环节研究单一技术，难以发挥集成优势的问题。

袁镔：我国的装配式建筑目前处于发展初期，最终要发展得好，一定要获得市场认同。市场认同就是刚才您讲的成本问题，那么装配式建筑今后如何发展才能被开发企业逐渐认可？

叶浩文：目前，我国的装配式建筑是国家通过政策引领、引导，促进发展的，若想获得市场认可，必须按照"三个一体化"建造方式进行发展。

第一个"一体化"是从系统化装配的角度提出的,是指建筑、结构、机电和装修一体化。需要有先进的设计理念与方法,统筹建筑、结构、机电和装修4个子系统,使其成为一个系统且完整的工程,才能形成一个成熟的产品。装配式建筑唯有通过设计主导下的系统性装配,才能在模数化、标准化的基础上打造出功能完善、品质优良的建筑产品。

第二个"一体化"是从工业化生产的角度提出的,是指设计、加工、装配一体化。工厂预制与现场浇筑最大的不同是需要考虑预构件工厂加工和现场装配的协同问题,从而降低生产成本,提高生产效率。

第三个"一体化"是从产业化发展的角度提出的,是指技术、管理、市场一体化。要实现产业化发展,需要以市场为导向,推进技术管理体系和政府的各种监管机制以及工程报建、验收、招投标等制度的对应。如设计和施工是否可以一次招标、质量验收与检测制度如何适应装配式建筑的发展需要等。

总之,发展装配式建筑一定要遵循新型建造方式的规律要求,只有在EPC工程总承包模式下,坚持"三个一体化"建造方式,才能全面发挥装配式建造的优势,赢得更加广泛的市场认可,从而推动装配式建筑产业化的发展进程。

袁镔: 那么,推行EPC模式,是否可以是设计方和施工方作为联合主体投标?

叶浩文: 投标的方式是灵活的,设计方和施工方联合投标,或者以施工方为投标主体皆可,只要具备相应的工程总承包能力、有明确的责任方和清晰的管理体系即可。EPC工程总承包方需全方位地对整个项目负责,保障质量安全体系的全覆盖和有效落实,统筹安排设计、采购、加工、装配、装修,按照"三个一体化"要求进行建造,这也是装配式建筑未来的发展方向。

袁镔: 在"设计标准化、生产工厂化和施工装配化"前提下,如何处理装配式建造和建筑艺术效果之间的关系,减少"千城一面"的现象?

根据我国1970~1980年代装配式建筑发展的经验来看,标准化后确实容易出现立面单调的问题,大板住宅的建筑立面外观基本是千篇一律的。将来大面积发展装配式建筑,也会面对建筑艺术形态处理的问题。

如果不能调动建筑师的积极性，较好地协调解决建筑艺术形态和装配式建造之间的矛盾，那么装配式建筑的发展也会遇到很大的阻力。

叶浩文：从根本上讲，这其实是如何协调统一标准化与多样化的问题，我认为不会出现此前"千城一面"的问题，可从以下两个方面进行分析。

一方面，标准化是装配式建筑设计的核心和灵魂，装配式建筑首先必须做到标准化设计，这一点是毋庸置疑的。但是标准化设计和"千城一面"是完全不同的概念。标准化是指部品、部件的模数模块化和标准化，是从建筑构件生产适应工业化大生产需要的角度提出的，可使工厂便捷、快速地规模化生产，以降低成本、提高效率，同时在装配时也能够适应机械化装配的需要。

另一方面，对模数化、标准化的构件和部品进行装配是可以实现多样化的。在平面上，可以通过卧室、客厅、厨房、卫浴等不同模块组合成不同户型，也可以通过标准户型之间的不同组合实现多样化；在立面上，可以通过灵活运用色彩、质感、表面机理、光影、尺度、凸凹关系元素的不同组合来实现多样化，即使用标准化的模块也能组合成多样化的平面和空间。

预制装配的基础是通过标准化的设计使若干构件、部件具有通用性，这是过程的标准化，通过不同构件的有机拼装，则会出现结果的差异化和多样化。国外许多优秀的案例皆呈现出了千变万化、丰富多彩的良好效果（图2~图4）。说明标准化和多样化是有机统一的整体，而非尖锐的矛盾关系，大力发展装配式建筑，完全不必有"千城一面"的担忧。

袁镔：目前，我国的装配式建筑与国际上一些国家装配式建筑的发展相比，在理念、水平方面有哪些不同？差距在哪里？

叶浩文：目前，我国装配式建筑的整体水平在国际上是相对滞后的。具体来讲，日本在装配式建筑尤其是其框架体系方面较为先进、成熟。日本属于地震高发区，其减震、隔震技术处于世界领先地位。剪力墙受力形式复杂，其装配式建筑（包括住宅类建筑）一般以框架体系为主。在日本的高层建筑和超高层建筑中，装配式建筑的应用更为普遍，高度

图2　新加坡阿德摩尔住宅
（Ardmore Residence）

图3　澳大利亚波浪大厦

图4　南澳大利亚健康与医疗研究所
（South Australian Health and Medical Research Institute，SAHMRI）

60m 以上的建筑普遍采用装配式建造，而我国住宅类建筑采用框架体系的较少，高层建筑采用装配式的也不多。美国广泛应用双 T 板、预制柱和预制空心楼板，大跨度的多层停车场、工业厂房、仓库和商店普遍采用预制装配，而我国此类建筑非常少。欧洲国家装配式建筑构件生产的自动化程度比较高，拥有自动化的生产线、流水线，由于所在地域抗震要求低，混凝土预制构件钢筋少，连接比较容易。

结合我国抗震要求高和工业化加工技术还不成熟的实际情况，我们应综合学习日本的隔震、减震技术和欧洲先进的自动化生产技术。目前，国家"十三五"装配式建筑重点研发计划已有相关研究内容的安排，业内很多企业也在积极开展自主研发创新，可以预见，我国装配式建筑的设计、技术水平，在不久的将来肯定会有突破性的发展。

袁镔：从我国装配式建筑的现状来看，装配式建筑的发展潜力如何？

叶浩文：我对装配式建筑在我国的发展潜力是比较乐观的。当前，大力推进装配式建筑发展受到党中央、国务院、住房城乡建设部和各级政府相关部门的高度重视，也得到了业界的积极响应和广泛参与。而且现在的装配式建筑理念、理论、技术和工艺较 1970～1980 年代的大板建筑时期已经有了很大进步，具备了控制建造过程中的各种问题的能力。通过在发展中加强监管和管控，围绕"科技引领、设计支撑、精益加工、集成装配、品质保障、三个一体化建造方式"，装配式建筑的产业化发展能力必将得到质的提升。

（该文主要转自：我国装配式建筑的现状与发展——中国建筑股份有限公司副总工程师、中建科技集团有限公司董事长叶浩文访谈[J]，生态城市与绿色建筑，2017）

【案例3】 考察欧洲装配式建筑发展的经验与启示

欧洲国家对于装配式建筑的认识起步较早，通过不断的科学发展和技术创新，在装配式建筑上有较为完善的思路，积累了较多的经验。随着"十三五"国家重点研发计划"装配式关键设计技术"（2016YFC0701500）和"预制装配式混凝土建筑产业化关键技术"（2016YFC0701900）两个项目推进，课题组根据两个课题的研发需求，我作为项目负责人和课题研究负责人，在 2017 年 5 月，带队组团前往德国、奥地利和西班牙三个国家，开展了为期 12 日深入欧洲装配式建筑考察学习与调研（图 1）。

图 1　考察欧洲装配式建筑

1. 欧洲考察主要内容与概况

（1）考察调研主要内容

考察调研紧紧围绕国家课题研究内容：装配式建筑构件生产、装配建造、信息化应用、部品连接件、总承包管理、产业化实施等方面。涉及欧洲 9 个工厂（5 个构件生产工厂，2 个设备制造工厂，1 个模具工厂、1 个部品工厂）、3 个软件公司、2 个总包公司、1 个咨询设计公司、4 个项目（包括：两个装配式建筑项目，一个被动式建筑，一个上百栋的模块化建筑群）、2 个协会及 BIBM 展会。

（2）欧洲预制构件工厂与公司考察情况

1）BWH 公司预制构件工厂考察情况。BWH 公司工厂是一家分别在两个厂房车间生产双皮墙板、叠合板与预应力空心板的预制工厂（图 2）。

图 2　BWH 公司预制构件工厂

预应力构件生产线在长约 100m 的生产车间内，并排布置有 3 条长线台座，采用一端固定、一端张拉的方式张拉预应力，张拉设备位于张拉端地面以下的混凝土结构台座内。空心板（宽度约 1200mm）生产工艺涉及 3 种主要设备：拥有模具清理功能并在回程中布置预应力筋的拉筋机、混凝土成型机、空心板切割机（图 3）。

图 3　BWH 公司预制构件工厂预应力生产线

2）德国乐肯壕森公司预制构件工厂考察情况。德国乐肯壕森公司是一家采用了安夫曼公司生产线和自动化设备的预制工厂。该预制工厂除了主要的双皮墙板、叠合板外，还有大小各异的阳台板、楼梯板、实心墙板，以及其他的板类和墙体构件（图4）。

图 4　堆场采用立体化自动存储

3）奥地利OBERDORFER公司预制构件工厂考察情况。奥地利OBERDORFER公司工厂使用ITWO软件的生产计划系统，贯穿了从前期的投标，到后期的安装全流程。该软件可以同时就200个项目来做管理。通过这个平台，可以包括财务等涉及的所有信息（图5）。

图 5　奥地利OBERDORFER公司预制构件工厂

4）德国安夫曼（AVERMANN）集团公司考察情况。德国安夫曼（AVERMANN）集团公司在德国和波兰有三个生产及研发基地，是世界上第一家从事混凝土构件设备制造（含模具）的公司。可根据客户需求定制预制构件生产高品质的特种机器设备和工具件。公司还拥有板材折弯精加工技术和设备，在环保设备加工和产品销售领域也占有一定的份额。全自动化生产流水线是最能体现该公司自动化技术水平的产品，可以从钢筋加工、构件生产、仓储到运输的所有工作全部采用自动化设备或机械手完成。通过中央移动台把部分模台暂时抽离流动线、具有复合生产属性的生产方式，可生产除板类构件外的其他构件。

5）SOMMER公司考察情况。SOMMER公司主要是提供构件自动化流水线和生产技术、循环式托模混凝土预制构件生产设备、多功能布模机器臂（MFSR）墙体／楼板的模板技术。该公司较之安夫曼设备的特点为：自主发明了多功能布模机器臂，不仅可以实现自动化布模，而且可以实现自动化拆模；生产配套的磁力盒模具。

6）德国的RATEC公司考察情况。德国的RATEC公司主要是提供预制混凝土构件设计咨询、工厂建厂咨询、构件模具系统和磁力盒加工四大业务板块（图6）。

图6　德国的RATEC公司模具系统

7）德国哈芬（Halfen）公司考察情况。德国哈芬（Halfen）公司是一家专门做连接、紧固器件的全球知名公司，公司产品有三大类，工业领域连接器、紧固件占公司业务的 16%；外墙连接件占公司业务的 12%；构件体内预埋件占公司业务的 72%。中国是公司在海外、亚洲的重要市场，占公司总产值的 5% ~ 8%（图 7）。

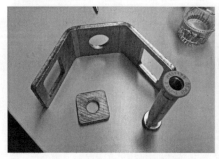

图 7　德国哈芬（Halfen）公司连接器

2. 欧洲预制构件工厂生产的特点与分析

欧洲构件工厂总体上自动化程度很高，从钢筋加工、构件划线定位、模具组装及运输、混凝土运输及布料、振捣、构件翻转、养护、运输全部实现自动化。一条生产线也只需要 1 ~ 2 个人，一个工厂一般需要 5 ~ 6 人，生产的构件光洁，几何尺寸精度高。欧洲预制构件工厂生产主要有以下特点：

（1）工厂规划与布局合理

1）厂房顶部纵向皆有采光带，白天不加照明即可满足车间内采光要求（图 8）。

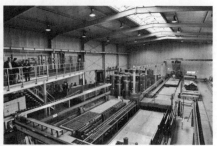

图 8　工厂生产线布置

2）鱼雷罐运输和布料机工位设置合理，钢筋的加工生产、钢筋笼的绑扎、模具安置、布料浇筑振捣、养护实现了不同区域的合理接驳（图9）。

图9　混凝土布料振捣

3）自动化流水线空间设计及布局利用合理、精细，很好地利用了工厂上部空间，一般设置二层平台，用于钢筋生产加工、堆放挤塑板及模具的精细加工（图10）。

图10　流水线空间利用

（2）生产线自动化程度高

1）模具摆放机械手自动化水平非常高，借助信息化技术，实现机械手根据加工构件的形位尺寸自动识别特定模具，精准安放在特定位置（图11）。

2）设备可实现自动化拆除等工作，借助与工位设备配套的堆放架体、运输架体、储存架体实现了一体化（图12）。

图 11　流水线自动化程度

图 12　预制构件堆放运输

3）鱼雷罐小车运输速度快（3m/s）且相对稳定，可实现水平转弯、小角度（10°）爬坡；振动设备噪声很小，估算在 70dB 以内（图 13）。

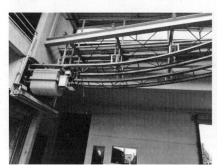

图 13　鱼雷罐小车运输

4）构件吊装运输设备，通过类似码垛机以及配套十字运输车进行构件的自动化、立体化运输、安放，可以在无人工干预情况下，实现构件的抓取、搬运、放置及脱钩等系列动作。该设备集桁车与吊运设备于一体，上下左右各方向移动实现桁车下空间的全覆盖（图 14）。

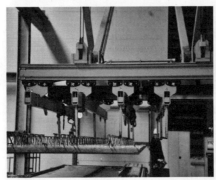

图 14　构件吊装运输设备

（3）生产工艺流程合理

1）工厂生产设备与钢筋生产设备很好地融合在一起，实现构件与钢筋生产的完好接驳，形成了混凝土钢筋生产线（图 15）。

图 15　生产工艺流程

2）工厂设置木模加工车间，主要用于异形构件的生产加工以及替代特殊位置的模具，木模的利用节省了成本和人工，是非常值得推荐的工艺改进（图 16）。

3）模具靠磁力盒进行固定，模具的长边方向通过塑料胶体保证封浆密实，欧洲模具固定广泛应用磁力盒，方便快捷的固定模具（图 17）。

图 16　木模加工制作

图 17　磁力盒模具固定

4）堆场有特定的调运运输工位，通过配套的特种运输车，在相应工位空间进行所调运构件的自动识别、自动运输、自动安放在工装车位（图 18）。

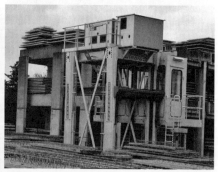

图 18　构件堆场堆放与运输

5）梁、柱模板一次投入，长期使用。侧模高度可调、可移动，梁底模可升降宽窄可调，也可以做预应力梁，是一个多种变换，可调可变的模具系统（图19）。

图19　梁、柱构件模具

6）长线台座预应力设备自动化程度很好，混凝土下料、专用设备浇筑成型、养护及切割完全实现自动化。成型设备体积小，一体化程度高、切割面平整良好（图20）。

图20　长线台座预应力设备

（4）信息化全过程管理到位

1）二维码技术普遍采用，贯穿于构件加工、存放、运输（图21）。

2）构件工厂一般由一个软件公司，提供信息化服务。工厂的智能化由软件公司提供，生产加工智能化（图22）。

（5）部品部件的配套齐全

有专门生产连接器、紧固件、HCC-柱靴连接装置、剪力墙容差连

图 21　预制构件编码示意

图 22　工厂智能化管控中心

接件的公司，与构件厂密切合作，与工厂配套的部品部件、预埋件、工装设备的上下游配合成熟完善。

3. 欧洲装配式产业发展情况

（1）总体发展情况

欧洲装配式建筑的发展主要是产业链先进、成熟、完善，专业化分工程度高，各专业公司协同发展。具体表现在以下方面：

1）一体化协同发展，产业链成熟完善。设计公司、构件公司、设备公司、模具公司、配件公司、钢筋设备公司、埋件公司、软件公司、运输公司、股份咨询公司、总承包公司专业分工明细、专业性很强、产业一体化协同发展，产业链成熟完善。

2）混凝土设备制造厂就是一个装配组装车间。将混凝土设备分解成更小的设备，委托给其他公司生产加工，设备企业就是一个组装、设计、采购、装配的生产线。

3）混凝土构件工厂用的各种拉结件、预埋管、预埋盒、垫筋架、门窗框、断桥结合点等均有专业公司生产、配套，经济、质量好。

4）模具厂也是一个组装车间。自行设计、委托加工各种零配件以及模具板材切割下料，各种板材下料后到自己的车间组装。

（2）采用的建筑结构体系技术

1）双皮墙结构体系。双皮墙结构体系是欧洲住宅普遍采用的结构体系，双皮墙的厚度从 200～500mm 不等，厚度取决于桁架筋的高度，决定于钢筋生产设备的能力，双皮墙还可做成夹心保温墙，双皮墙结构体系是两边墙预制，中间现浇混凝土，现浇部分采用插筋连接，不用套筒，成本低，连接形式同现浇体系（图 23）。

图 23　夹心保温双皮墙构件

2）框架结构体系。柱、梁、板分开预制，采用牛腿式、承插式连接方式比较多（图 24）。

图 24　柱、梁、板构件

3）预应力体系（图 25）。

图 25　预应力空心板构件

4）双 T 板体系（图 26）。

图 26　双 T 板构件

（3）装配式建筑的占有率和使用率

1）大型公共建筑 70%；工业厂房 100%；6 层以上的住宅 70%；低层住宅 30%～40%；

2）所有建筑基本上都采用叠合楼板；

3）在一个建筑里面通用标准构件，普遍采用预制，非标准构件则采用现浇，是能预制的预制，不能预制的就现浇原则，以质量好、成本低、方便建造为原则。在欧洲预制成本要比现浇低（图 27～图 34）。

图 27　装配式建筑代表作品：大型会展中心项目

图 28　装配式建筑代表作品：办公建筑

图 29　装配式建筑代表作品：酒店式建筑

图 30　装配式建筑代表作品：厂房类建筑（一）

图 31　装配式建筑代表作品：厂房类建筑（二）

图 32　装配式建筑代表作品：体育场建筑

图 33　装配式建筑代表作品：工业厂房建筑

图 34　装配式建筑代表作品：CBD 综合体建筑

（4）采用多种结构体系与建筑功能融合

结构满足建筑的需要。如装配式酒厂，20 多米跨，采用双 T 板，与建筑装饰效果结合的很好，做到了建筑、结构、机电、装修一体化，且预制装配建筑平面、立面功能不单一，形式效果多样（图 35）。

（5）总承包公司的信息化应用水平高

1）成熟的总承包公司总部有设计管理部，总部建模，分公司项目进行使用。设计、采购、施工一体化。主要进行 BIM 设计管理和 BIM 施工流程管理，BIM 设计管理包括建筑、结构、机电、成本。BIM 施

图 35　混合结构示意图

工流程管理包括计划管理、成本估算、设计和施工通过 BIM 进行信息共享。总部的设计与工程部与各个分公司或事业部平行，通过项目的 BIM，设计、施工管理的成本计划联系在一起。

　　2）在装配式建筑信息化应用方面存在深化设计软件、工厂自动化生产应用软件、企业及总包信息化管理软件。设计软件可以实现装配式建筑的快速建模、结构构件的三维拆分、构件深化设计；通过建筑模型提取相关数据信息实现物料自动化精准统计；软件设计信息可被构件加工设备 EBAWE、AVERMANN、ELEMATIC、WECKEMANN、SOMMER、EVG、SAA 等软件直接识别读取，直接导入到设备自动化加工，无需人工输入，提高效率；针对现有不同开发软件、不同使用环节的软件信息难以识别、对接，开发统一信息标准，实现不同软件公司开发的不同软件相互接口统一、完整识别、信息共享。

　　3）TIM 软件产品主要用于工厂生产环节，可实现直接读取设计模型信息，管理设计相关信息，构件生产管理、构件运输管理、装配管理。

　　4）Unitechnik 与 SAA 公司，产品功能基本相同，主要是工厂生产的中控系统，实现构件生产的计划排产、构件生产控制、构件仓储、构件的物流、生产过程中划线、模具安放、布料、振捣等操作的信息化控制。BIM 软件由专业公司提供和维护。

4. 经验与启示

　　德国、奥地利和西班牙三个欧洲国家的装配式建筑生产发达、先进、自动化程度高;装配式建筑产业链先进、成熟、完善,专业化分工程度高,各专业公司协同发展;装配式建筑结构体系成熟并不断创新发展;总承包公司在信息化方面快速发展。

分析总结欧洲发展装配式建筑的实践和发展规律,能够给予我们很好的经验和启示。随着我国目前大力发展装配式建筑,结合国家与各地政府各项政策,在保障性住房中率先采用装配式建造技术,并迅速形成产业规模,在技术体系成熟后,带动住宅以外的建筑项目跟进学习采用;积极吸收和创新双皮墙体系在中国的应用,在高抗震烈度地区使用;将预制构件与建筑、机电、装修一体化发展,充分发育产业链,大集团企业引领行业技术发展,颁布企业规程和标准,带动专业性公司发展,形成大小企业共同发展的产业链体系;以市场化、社会化发展为主,与政府主管部门与行业协会等紧密合作,完善技术体系和标准体系,促进装配式建筑项目实践;根据装配式建筑行业的专业技能要求,建立专业水平和技能的队伍,推进全产业链人才队伍的形成;注重预制构件生产自动化、智能化技术的应用,在机械手摆模脱模、基于全过程信息化的自动加工、智能化一体化吊运、钢筋部品流水化加工等耗费人工方面实现真正意义上的技术突破,不断完善预制构件加工机械。

本论文由国家重点研发计划资助——【课题名称:《基于建筑设计、部品生产、装配施工、装饰装修、质量验收全产业链的关键技术及技术集成研究与应用》,课题编号:2016YFC0701904;课题名称:《预制装配式混凝土结构智能化生产加工关键技术的研发与应用》,课题编号:2016YFC0701905】

(该文主要摘自:叶浩文 等,欧洲装配式建筑发展经验和启示 [J],建设科技,2017)

【案例4】 在《施工技术》杂志上发表的论文（摘录）

题目：装配式混凝土建筑一体化建造关键技术研究与展望

1. 装配式混凝土建筑技术的发展背景

装配式混凝土建筑技术的发展是伴随着装配式建筑的兴起和发展而不断进步的。纵观我国的装配式混凝土建筑的发展历程，从发展初期的如火如荼，到后来因多种原因停滞不前，再后来又进入装配式建筑全面发展阶段。

发展初期（1950～1978年），我国在第一个五年计划的发展进程中，通过全面学习苏联的建筑工业化背景下，标准化和模数化的设计方法得到了应用，设计水平与国际接轨。在此阶段我国装配式建筑技术体系初步创立，大板住宅体系、内浇外挂住宅体系以及框架轻板住宅体系得到大量的应用；预制构件生产技术快速发展，大量预制构件厂在此阶段建立，国外预制构件生产技术也传至我国；住宅标准化设计技术得到应用，形成了住宅标准化设计的概念，编制了标准设计方法标准图集。

发展起伏期（1978～1998年），20世纪80年代末期，由于市场经济对住宅建筑的冲击，原有的装配式建筑产品已经不能满足建筑发展多样化的需求，同时商品混凝土的兴起，现浇建设的优势逐步体现。在装配式建筑发展停滞阶段，同样也初步建立了装配式建筑标准规范体系，模数标准与住宅标准设计逐步完善，住宅产业化的概念也在社会上逐步形成共识。

发展提升期（1999～2015年）和全面发展期（2015年至今），这一时期装配式建筑经历了缓慢发展期，政策出台后没有强有力的推进措施，但一些优秀的城市和企业依然不断进行技术研发创新，也是在这时期推动建立了一批国家住宅产业化基地，形成了以试点城市探索发展道路的工作思路，装配整体式混凝土结构体系开始发展。近几年装配式建筑进入全面发展的时期，政策支持与技术支撑已逐步建立，业内生动力也逐渐增强，随着《中共中央国务院关于进一步加强城市规划建设管理工作的若干意见》（中发〔2016〕6号）、《关于大力发展装配式建筑的指导意见》（国办发〔2016〕71号）等一系列政策措施的发布，为装配式混凝土建筑技术的发展提供了政策支持。

2. 装配式混凝土建筑创新技术的研究与应用

（1）装配式混凝土建筑设计技术

装配式混凝土结构建筑设计水平按照对技术和产品的集成、对生产和施工工艺及管理的协调、对建造和使用全过程的统筹等方面的实施水平和控制方式划分，由低到高大致分为：结构拆分设计、结构组合设计、建筑集成设计、全产业链一体化设计、全专业一体化、标准化设计。

1）利于生产和装配的结构设计技术体系

现行标准规范要求装配式剪力墙结构底部加强区和边缘构件现浇，此种方式严重影响装配式剪力墙加工、安装施工效率，因此底部加强区可预制设计技术是现行拟解决的重大关键技术。

①采用规则、均匀、连续的结构体系，建筑形体及结构布置规则，水平、竖向结构布置均匀、连续并具有良好的整体性；相应高宽比满足规范要求。

②采用长套筒的连接接缝加强设计措施。通过研发应用增长连接灌浆套筒（长度 1.2～1.5 倍），提高接缝承载力。

③采用套筒竖向错搭的连接接缝加强设计措施。节点连接处竖向钢筋接头实行错缝连接（错缝距离 1～2 倍套筒长度），从而降低连接处集中应力，保证构件连接可靠性。

④预制预应力结构体系。研究适于生产、运输及安装的预制预应力构件形式，提出装配式预应力混凝土框架和剪力墙结构形式，研究装配整体式预应力混凝土框架结构设计方法和全装配式预应力混凝土框架结构设计方法。

⑤采用抗震性能化设计。通过深入的计算分析，研判结构有可能出现的薄弱部位，提出有针对性的抗震加强措施。性能目标包含结构在小震、中震和大震下的性能状态和损伤程度。整体层面是关注结构层间位移角，以及更具经验的剪重比，构件层面分别为关键构件、普通竖向构件以及耗能构件的性能状态，及性能状态分布。

⑥采用减震、隔振技术措施。创新装配式建筑结构设计技术与减震、隔振技术的结合，提高装配式建筑的减震、抗震性能，且简化结构构造

设计，便于工厂化制造和现场装配。

2）主体结构系统与其他系统一体化、标准化设计技术

主体结构系统与围护结构、建筑设备、装饰装修系统之间的一体化协调与配合，形成不同结构体系下的工业化建筑设计方法，形成工业化建筑围护结构与主体结构一体化的集成设计技术、建筑设备系统和内装系统一体化、标准化和协同设计技术。

3）装配式组合结构体系设计技术

装配式钢-混凝土混合结构体系主要有：装配式轻钢-混凝土结构新型混合体系，装配式钢管混凝土柱-钢梁混合结构体系，装配式钢管约束混凝土柱-钢梁混合结构体系，装配式钢-混凝土组合楼盖体系。在钢-混凝土结构混合体系中，不同的拆分方法和不同连接方式对主、次结构的动力特性和抗震性能会产生影响。

4）装配式高性能结构体系及连接节点设计技术

通过高强混凝土预制构件、高变形能力装配式节点及高效耗能构件和隔震技术，形成高性能的创新框架结构体系，在保证结构安全、高效的前提下，可解决基于现浇设计，通过拆分构件来实现"等同现浇"的装配式结构体系不适应工业化生产方式的问题。

（2）装配式混凝土建筑生产技术

1）装配式结构构件加工工艺生产线设计技术

主要包括混凝土预制构件生产过程中的工艺技术及工序要求，合理设置工艺工位及技术参数，形成流水线的加工工艺设计技术；各生产线的高效有机接驳及厂区物料运输通道优化设置的布局设计技术，形成基于产能优化的混凝土预制构件综合生产工艺成套设计技术；预制构件钢筋制品加工设备的功能和布局，形成钢筋高效生产加工的精细化布局设计技术。

2）与构件设计相协同的自动化加工技术

①研发钢筋骨架的一次性自动化组合成型技术。将墙板钢筋骨架拆分成标准化、单元化的暗梁、暗柱、网片等模块，进行自动化加工，实现模块单元的自动化组装。

②研发钢筋骨架与模具的自动化组装技术。开发集运输、搬运、安

装、存储功能为一体的复合型机器人，替代产业工人进行高效作业，实现钢筋骨架和模具的自动化运输和组装，大幅提高工效和自动化水平。

3）混凝土布料控制技术和模具组装智能化控制技术

混凝土预制构件混凝土布料关键工艺，研发智能化布料设备和系统，智能控制布料机阀门开关和运行速度，精确浇筑混凝土料量及位置，形成构件生产中布料关键工艺的智能化成套控制技术；混凝土预制构件生产中模具组装关键加工工艺，通过机械化操作与信息化技术的结合，形成典型预制构件生产时模具的智能化控制技术。

（3）装配式混凝土建筑安装施工技术

同构件设计相协同的高效装配技术，采用诱导钢筋定位技术，实现预制构件高效安装就位；研发形成定型化的灌浆料封堵模具，保证灌浆密实；研发系列工具化、标准化外爬架、支撑、吊具，实现机械化、高效化装配。

（4）装配式建筑全装修技术

1）协同设计技术。实现室内装修与建筑、结构与机电管线等各专业的同步设计，紧密协作，实现建筑、结构、机电和内装一体化。

2）内装深化设计技术。在进行建筑设计的同时，涉入并确定满足施工要求的室内装饰装修深化设计方案，确保高效协同施工。

3）内装标准化设计技术。装饰装修采用标准化、模块化设计，实现门窗、厨卫及其他部品部件、机电管线及结构相互之间的接口协调统一。提前预留、预埋，装饰保温一体化设计，实现现场简易、装配式装修施工。

（5）装配式混凝土结构的 BIM 信息化

全过程、全产业信息化管理技术，建立信息共享平台，实现设计、加工、装配、运维的信息交互和共享，避免信息二次录入和传导、降低工作效率、规避信息传导失真等问题，实现设计 - 加工 - 装配一体化协同控制。设计信息、生产信息与项目装配信息化管理系统融合，实现工期、商务成本、质量、安全的全过程信息化管理。

1）设计 BIM 信息化。根据预制装配结构的模数化以及标准化设计，建立技术集成性能较好的预制装配结构所需要的各个构件，包括预制柱、预制楼板、预制外墙、预制梁、预制楼梯等族库。在项目结构的不同设计过程中，可以从已经设计完成的构件库中选择所需要的标准构件，并且将一个个标准构件搭建装配成为三维可视化模型，以此提高设计人员的工作效率。为了在最大程度上发挥预制装配结构的设计特点，可以根据实际需要研究标准化装配式住宅户型，有利于实际工作的开展。

2）生产 BIM 信息化。在构件生产过程中，基于 BIM 模型的预制装配式建筑部件计算机辅助加工（CAM）技术及工厂信息化管理系统，实现 BIM 信息直接导入加工设备和工厂中央控制室，无需二次录入，借助信息化技术实现设计 - 加工一体化。

3）施工 BIM 信息化。结合融合无线射频、物联网等信息技术，通过构件预埋芯片或二维码实现构件、部品、部件产品在生产、运输、装配过程中，信息动态控制和共享。通过构件设计、生产、运输、装配、运维的质量信息录入和共享，实现全过程的质量追溯管理。

4）运维管理 BIM 信息化。BIM 运用于运维管理系统实现了建筑内部空间设施可视化。现代建筑业发端以来，信息都存在于二维图样和各种机电设备的操作手册上，需要使用的时候由专业人员自己去查找信息、理解信息，然后据此决策对建筑物进行一个恰当的动作。利用 BIM 将建立一个可视三维模型，所有数据和信息可以从模型里面调用。

3. 装配式混凝土结构技术的工程应用

深圳某装配式混凝土保障房项目，以科研设计一体化为技术支撑，以 BIM 为高效工具，以 EPC 管理为保障手段，切实践行以"研发、设计、采购、制造、管理"的装配式建筑 REMPC 管理模式，全面提升工程质量水平。

（1）以科研设计一体化为质量提升提供技术支撑

1）技术体系研发。本项目采用装配整体式剪力墙结构体系，本体系主要包括预制剪力墙、预制叠合梁、预制叠合楼板、预制阳台板、预制楼梯等，严格按照《装配混凝土建筑技术标准》控制现场装配质量，主要体现在：

①创新采用中建科技自主研发装配整体式剪力墙结构体系，预制率

达到 50%，装配率 70% 为深圳市装配整体式剪力墙结构预制率装配率最高的项目，为华南地区建筑高度最高的项目；

②创新采用全灌浆套筒灌浆连接技术；

③创新采用轻质隔墙板填充技术。

2）高效节点研发。结合"十三五"课题高性能节点研究任务，本项目针对节点的受力性能、防水技术等展开研发，保证节点连接质量。

①受力性能：本项目预制剪力墙水平连接节点采用全灌浆套筒灌浆连接，竖向连接节点采用混凝土现浇连接。为保障预制剪力墙连接节点受力性能，进行有限元模拟试验，通过模拟试验证明该结构体系受力可靠。

②防水技术：本项目结合采用结构防水、构造防水和材料防水三道防水措施解决了不同节点的防水难题。

③装配工艺工法：为保证现场装配式施工质量，本项目针对各类型预制构件堆放、吊装、调整、固定、连接、成品保护等工序进行技术攻关，形成了"装配整体式剪力墙结构施工工法"。

④工装系统研发：本项目在传统装配工艺、工法基础上，进一步规范标准化操作流程，对关键工艺的工装设备进行系统研发，形成预制构件吊装工具、预制构件堆放架、预制构件水平调节器、套筒定位工装、套筒灌浆平行试验箱等工装系统，提升了整体装配质量。

（2）以"三全 BIM"应用为质量提升提供高效工具

结合 REMPC 总承包的全产业链管理，中建科技创新提出"全专业、全过程、全员"三全 BIM，充分利用 BIM 技术在设计、生产、装配等各阶段全生命期应用，实现项目管理高效协同和品质提升。

（3）全装修技术应用

本项目在建筑设计之初，即同步考虑室内装饰装修设计，包括家居摆放、装修做法等，并通过装修效果定位各机电管线末端点位，精确反推机电管线走向，建筑结构空洞预留及管线预埋，确保建筑机电、内装一次成活，实现了土建、机电与内装的一体化（图 1）。

4. 结语

装配式建筑是一个系统工程，包括建筑、结构、机电管线和内装四个子系统。其技术进步和创新是其发展的根本和关键，唯有通过技术的

图1 "三全BIM"在装修中的应用

不断进步和创新，建立并完善装配式建筑、结构、机电管线、内装的全专业设计 - 制造 - 装配一体化技术体系，才能不断推动装配式建筑的产业化发展。

本论文由国家重点研发计划资助——"十三五"国家重点研发计划：预制装配式混凝土结构建筑产业化关键技术（2016YFC0701900）。

（该文主要摘自：叶浩文等，装配式混凝土建筑一体化建造关键技术研究与展望 [J]，施工技术，2018）

【案例 5】 在《工程管理学报》上发表的论文（摘录）

题目：装配式建筑一体化数字化建造的思考与应用

近年来，随着经济社会的快速发展，我国建筑业的产业规模不断扩大、科技水平不断提高以及建造能力不断增强，带动了大量关联产业，已成为国民经济的重要支柱，对经济社会发展、城乡建设和民生改善作出了重要贡献。但我国建筑业目前仍是一个劳动密集型、建造方式相对落后、信息化水平应用相对较低的传统产业。

根据国家提出的五大发展理念，以及建筑业转型升级的发展要求，未来中国建筑业必将迈上绿色化、工业化、信息化的发展之路。装配式建筑作为建筑业的一场变革，集成了"建筑、结构、机电、装修一体化""设计、生产、装配一体化"的新型工业化建造方式，同时将信息化与工业化深度融合，是推动绿色化、工业化和信息化建造的关键推手。装配式建筑具有显著的系统性特征，须采用一体化的建造方式，即在工程建设全过程中，主体结构系统、外围护系统、机电设备系统、装饰装修系统通过总体技术优化、多专业协同，按照一定的技术接口和协同原则组装成装配式建筑。

一体化建造方式以"建筑"为最终产品。全过程信息化应用是装配式建筑的一大特征，信息技术是推行从构件生产到装饰装修一体化建造方式的重要工具和手段。为实现"设计、生产、装配一体化"，通过现代化的信息技术，建立信息化管理平台，解决设计—生产—装配脱节的问题，实现项目各参与方的信息共享、协同工作。

我国尚未全面推行"EPC 五化一体"全产业链协同发展的创新管理模式，设计、生产、施工、运维等多环节多专业难以有效协同。本文将探索以 BIM 为项目信息源、以 EPC 工程总承包为主要管理模式、以 ERP 企业层资源配置设置组织管理体系、以移动终端为信息采集和应用手段系统集合而成的一体化数字化管理，实现"建筑、结构、机电、装修一体化"、"设计、生产、装配一体化"的新型工业化建造方式。

1. 数字化设计技术

设计环节是装配式建筑方案从构思到形成的过程，也是建筑信息产生并不断丰富的过程，而装配式建筑系统性的特征对设计环节提出了极高的要求。在设计环节中的建筑、结构、机电、装修各专业需在建筑物设计信息对称的情况下才能相互配合，协同工作。

（1）建筑、结构、机电、装修协同设计

基于平台化设计软件，统一各专业的建模坐标系、命名规则、设计版本和深度，明确各专业设计协同流程、准则和专业接口，可实现装配式建筑、结构、机电、内装的三维协同设计和信息共享。各专业的数字化设计内容构成见表1。

在基于BIM技术的协同平台上，建筑、结构、机电、绿建和装修等专业间的数据顺畅流转，无缝衔接。建筑模型、结构模型、机电模型组装后，可自动进行碰撞检查，方便建筑、结构、机电模型同步修改。

各专业的数字化设计内容构成　　　　　　　　　　　　　　表1

专业	数字化设计内容
建筑	①三维可视化优化设计（建筑功能、平立面等）；②采光通风模拟；③人流动向模拟；④能耗模拟
结构	①创新装配式建筑构件参数化的标准化、模块化组装设计；②基于受力分析的标准化配筋和预留预埋的深化设计；③设计优化，利于生产和装配
机电	①采用专业软件进行机电管线的全BIM深化设计，进行管线、机电设备功能最优化布置；②管线空间集成综合布置（综合考虑机房检修空间、常规操作空间、支吊架综合布置、机房设备布置等）；③机电设计考虑机电安装工艺，利于集成化装配
内装	①内装系统多样化、套餐式组装设计；②VR/AR体验、确定内装方案；③内装设计与建筑功能相协同（空间宜居、风格适宜）；④内装系统与主体结构的预留预埋协同

（2）建立构件、部品等标准化族库

创新建立装配式建筑标准化、系列化的构件族库和部品部件库，如户型标准化族库、构件标准化族库、门窗部品标准化族库、厨卫部品标准化族库、零配件及预埋件标准化族库、机电管线标准化族库、生产模具标准化族库、装配工具标准化族库等。利用以上族库，加强通用化设计，提高设计效率。实现基于全产业链的装配式建筑标准化族库，各标准化族库应便于预制构件工厂生产加工、利于物流运输、易于现场装配，实现基于建筑模型的设计信息、生产信息、装配信息的一体化。

（3）关联并共享模型信息

BIM 模型更改后，与模型相关联的二维图样信息、数据库信息自动关联更改，保证模型与数据信息的一致性；建筑模型与装配式建造过程各阶段的信息关联，同时实现信息数据自动归并和集成，便于后期工厂及装配现场的数据共享和共用。

2. 数字化生产技术

数字化生产技术包括数字化自动加工技术和数字化工厂管理技术，通过一体化数字化技术将完整准确的设计信息及时传递给工厂，实现一体化数字化生产（图1）。

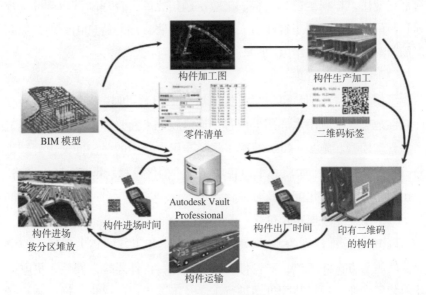

图 1　数字化生产技术

（1）数字化自动加工

利用基于 BIM 设计信息的装配式结构构件信息化加工（CAM）和 MES 技术，将 BIM 信息直接导入工厂中央控制系统，无需人工二次录入，与加工设备对接，实现设备对设计信息的识别和自动化加工，实现设计信息与加工信息无缝对接及共享。生产线各加工设备（画线机、布料机、养护窑的中控）自动识别 BIM 构件设计信息，智能化地完成画线定位、模具摆放、混凝土浇筑振捣、养护等一系列工序，实现设计—加工一体化。

（2）数字化工厂管理

利用基于 BIM 设计信息的工厂生产信息化管理技术，无需人工二次录入，即可实现 BIM 信息直接导入工厂信息管理系统，实现工厂生产自动排产，物料需求的信息化自动精准算量，关联物料采购的自动提醒及采购料量的自动推送，构件生产的优化排布、过程质量的信息录入，构件自动查询查找、构件库存和运输的信息化管理等。

3. 数字化装配技术

在现场装配阶段，基于 BIM 设计信息，融合无线射频（RFID）、移动终端等信息技术，共享设计、生产和运输等信息，实现现场装配的数字化应用，根据工艺、工料、工效定额信息库，合理制订建造进度计划和装配方案，实现工程建造人、机、料、法、环的信息化管理，提高现场装配效率和管理精度。

（1）施工平面管理

利用 BIM 技术对现场平面的道路、起重机、堆场等进行建模，有针对性地布置临时用水、用电位置，形成施工平面管理模型。结合施工平面管理模型和施工进度，对施工场地布置方案中的碰撞冲突进行量化分析，实现工程各个阶段总平面各功能区（构件及材料堆场、场内道路、临建等）的动态优化配置及可视化管理。

（2）工艺工序模拟及优化

以 BIM 三维模型为基础，关联施工方案和工艺的相关数据，确定最佳的施工方案和工艺，对构件吊装、支撑、构件连接、安装、机电以及内装等专业的现场装配方案进行工序及工艺模拟及优化，通过制订详细的施工方案和工艺，借助可视化的 BIM 三维模型直观地展现施工过程，通过对施工全过程或关键过程进行模拟，验证方案和工艺的可行性，以便指导施工，从而加强可控性管理，提高工程质量，保证施工安全。

（3）全过程信息共享和可追溯

基于 BIM 设计信息，融合无线射频（RFID）等物联网技术，通过移动终端，共享设计、生产、运输过程等信息，实现现场装配全过程的构件质量及属性的信息共享和可追溯。

4. 基于 BIM—ERP 的全过程数字化管理

装配式建筑全过程数字化管理是以 BIM 为项目的信息源、以 EPC 工程总承包为主要管理模式、以 ERP 企业层资源配置设置组织管理体系、以移动终端为信息采集和应用手段系统集合而成的一体化数字化管理。在基于 BIM 的设计、生产、装配全过程信息共享协同的基础上，以装配式建筑的系统性、完整性为原则，可以打造出图 BIM—ERP 系统，全过程、全集团、系统性地配置并优化资源，通过工程物料采购、成本、进度、合同、物料、质量、安全的信息化管控，有效发挥信息化技术在装配式建造全过程中的深度应用，提高整体建造效率和效益。

（1）建立统一的信息化管理平台

信息化管理 BIM 与 ERP 结合的平台，是通过建立一个集团总部数据中心，作为 EPC 工程总承包模式下工程项目 BIM 设计、生产、装配信息的运算服务支持，并设置若干小前端进行工厂和项目现场的数据采集。实现大后台、小前端和云平台模式。通过该平台可以形成企业资源数据库（系列化构件、工料、工效、定额等），并通过设置集中机房，实现协同办公（图 2）。

图 2　BIM—ERP 全过程数字化管理

（2）制定信息交互标准

全过程数据化管理涉及设计、生产、装配各个阶段和建筑、结构、机电、装修等各个专业。各阶段和各专业都有不同的专业软件，为了保证信息的有效无损传递,必须制定统一的信息交互标准。同一信息平台下,按照统一信息交互标准,实现信息化平台接口不同专业软件,有效传递和共享信息,避免不同软件由于交互标准不同而导致的信息传递失真。

（3）制定 EPC 工程总承包全过程标准化、信息化流程

建立 EPC 工程总承包项目流程体系,可以有效地对项目进行管控。以 EPC 工程总承包的项目流程为核心,运用信息化技术,将 EPC 工程总承包项目流程标准化和信息化,更准确地体现设计、生产、装配及采购之间的相互关系,同时体现项目集成化管理的理念。通过管理过程信息化、标准化和系统化,更有利于项目目标的实现。

（4）建立工程建造业务的数据化表达

以 BIM 的建筑信息模型数据为基础,将与工程建造相关的业务进行数据化管理,如成本数据化管理、进度数据化管理、合同数据化管理、质量数据化管理等,可以生成与装配式建筑建造相关的业务数据。建筑模型数据与业务数据相融合可以形成装配式建筑建造的大数据,通过对大数据的筛选和分析,能够为业务部门的管理以及项目的整体决策提供有力的数据支持。

（5）建立 EPC 模式下的信息化管理系统

EPC 模式下的信息化管理系统涉及工程项目相关专业、相关环节、相关业务的信息化应用,包括装配式建筑设计、生产、装配全过程的采购、成本、进度、合同、物料、质量和安全的信息化管理,最终实现全过程、集团资源的有效配置。它需要建立完备的 BIM 模型信息系统、物料集中采购信息系统、商务成本信息系统、工程建造与进度管理系统、项目合同信息系统、全过程质量管理和安全管理系统等。

1）BIM 模型信息。信息化管理系统的基本数据基础来自 BIM 模型信息,因此应建立完备的 BIM 模型信息。完备的 BIM 模型信息是建筑信息模型中几何信息、料量信息、工序逻辑信息的集成,主要包括:建筑模型的物料信息表及对应的信息编码;结构构件、机电管线及部品部件的类型的标准化归并,类型及数量统计;与生产、装配方案相关联的构件的参数信息;工程模型的量、价商务信息。

2）物料集中采购信息模块。在物料集中采购信息系统中,应首先

确定集中采购范围及内容，然后将采购计划、时间与工程建造进度相关联，进行提前预设。在集中采购过程中，应进行采购主体部门与相关部门的协同工作，最后进行分析对比，实现集中采购的成本控制。此外该系统中还应实现：供方分类与准入管理；招标、采购与考核管理；采购内容与合同管理；采购后评价体系管理；供方资质等资料录入备案管理。

3）商务成本信息模块。商务成本信息系统是进行全过程的商务成本管理，包括设计过程的人工成本和管理成本；生产过程的构件生产成本与采购成本；运输过程的运输费用；装配过程的机械租赁成本、人工成本、管理成本等。商务成本管理系统中，宜建立统一的成本核算项目，将合同对应条款、工程建造进度、项目资金台账与系统建立关联，实现工程建造关键时间段、任意时间点的收入、预算成本及实际成本的三算对比。

4）工程建造与进度管理模块。工程建造与进度管理是为了实现全过程进度计划的管理和控制，主要包括设计过程中各深度版本图样的出图时间节点控制；生产过程中构件及部品件出厂时间控制、内部生产时间节点控制；运输过程中构件及部品件运输时间及过程运输时间实时反馈；装配过程中各层、各作业面、工序实施时间计划与控制等。在全过程进度计划的管理和控制中，工程建造与进度管理的重点是实现各环节时间的衔接和弹性时间的控制，实现由总进度计划排至关键时间节点控制，实现由关键时间节点控制排至月度和周计划控制，实现由时间节点控制各业务功能的工作安排。

5）项目合同信息模块。应统一合同编码、确立总包分包分类台账、统一关键信息格式、明确合同关键内容与相关业务、合同时间段，同时明确合同条款与相关业务协同内容。

6）全过程质量管理和安全管理系统。全过程质量管理和安全管理应结合各阶段的实际情况和工作计划，对相应的质量健全控制点进行动态管理，并通过手持移动端及 RFID 等物联网技术将现场质量及安全管理信息实时传递给全过程质量管理和安全管理系统，实现质量及安全信息的实时采集、移动可视化管控及过程追溯。此外全过程质量管理和安全管理系统可与政府相关部门的监管平台对接。

为了更好地服务于 EPC 工程总承包模式下的装配式项目建造，在同一信息平台下，按照统一的信息交互标准，通过以上模块在设计工程项目中的应用，不断形成企业资源数据库，如系列化构件、工料及定额等。新建项目可以在企业资源数据库中寻找相匹配的已建项目信息进行项目的前期策划等方案的制订。

5. 结语

装配式建筑是一项系统工程，需要行业各方协同集成一体化发展。通过 BIM 与 ERP 的结合，建立一体化数据化的装配式建筑信息交互平台，接口多方信息化应用系统，促进全过程全产业链的信息共享、协同工作，可进一步实现装配式建筑一体化数字化的建造理念：一是实现设计、生产、装配全过程的信息集成和共享；二是实现工程建造全过程的成本、进度、合同、物料采购等方面的数字化管理。在 EPC 工程总承包模式下，数字化技术能够有效发挥信息共享和集成优势，促进装配式建筑各专业、各环节、各参与方的协同工作，实现装配式建筑一体化数字化建造，通过"数字建造"有力提升我国装配式建筑发展的品质和效益。

本论文由国家重点研发计划资助——国家重点研发计划项目课题（2016YFC0701904）。

（该文主要摘自：叶浩文 等，装配式建筑一体化数字化建造的思考与应用 [J]，工程管理学报，2017）

【案例6】 在《建设科技》杂志上发表的论文（摘录）

题目：新型建筑工业化与未来建筑的发展

随着国家节能减排战略的实施和新型城镇化水平的不断提升，要求传统建筑业加快转型升级的呼声也越来越高。在此背景下，积极研究新型建筑工业化和未来建筑的发展方向，无疑对加快建筑业适应国家可持续发展战略，具有积极的推进作用。

1. 未来建筑的探索与思考

（1）未来建筑的研究背景

随着工业4.0时代的到来，全球工业信息化和自动化带来计算机技术与建筑领域的不断融合，基于"碳中和"、"正能耗"等背景的建筑新目标被不断提出，人们将会越来越重视未来建筑对人的行为和环境变化的回应、互动，未来建筑也应基于自然规律而存在，用最合理的方式、最少量的资源，实现最高的性能。高性能建筑作为由多种技术打造的人性化、智能化建筑"系统"，必将成为未来建筑形态的主流。而当今不断发展的建筑技术与工艺材料，所带来的建筑外形设计、建筑外表皮、建筑生态等方面的崭新面貌，也为我们构想未来建筑提供了丰富、广阔的视野。所有这些，都为我们构想未来建筑的概念和实现方向，打下了很好的基础。

（2）未来建筑的概念

建筑因"人"而生。未来建筑更应以人为本，适宜并满足人在建筑中办公、生活需求。从需求的角度来分析未来建筑，这是定义未来建筑概念的基本出发点。在此基础上，未来建筑的概念，还应充分考虑社会、自然和科技等多方面背景因素。综合起来，可从以下角度描述未来建筑。

1）未来建筑是以人为本的建筑。未来建筑首先必须是最大化满足人的需求的建筑。

2）未来建筑是工业化的建筑。从建筑业的发展方向看，集成科研、设计、制造、装配、回收及评价一体化的全产业链建筑工业化体系，应是未来建筑首选的建造方式。

3）未来建筑是近零能耗建筑。迈向"零能耗"是建筑发展的终极目标。未来建筑应成为是（近）零能耗建筑的示范项目。

4）未来建筑是绿色建筑。绿色建筑是未来建筑的发展路径，国务院《绿色建筑行动方案》和《国家新型城镇化规划》，都对绿色建筑的发展提出了明确的要求。

5）未来建筑是智能化建筑。科技发展必将改变人们生活工作的方式。智能穿戴设备、物联网、互联网＋等，都将参与到日常的生活与工作用。

6）未来建筑是零排放建筑。未来建筑在达到零能耗的同时还应实现零碳排放，其全部生活废水将通过收集循环利用，实现零排放。

7）未来建筑是健康建筑。未来建筑是更生态友好、更人性化和更健康的绿色建筑，在生物循环利用、与大自然共生、有利于人体健康等方面都有质的飞跃。

8）未来建筑是广泛使用新材料、新工艺的建筑。新材料、新工艺的广泛开发应用，将进一步提升未来建筑的层次。

2. 未来建筑的实施方向

基于对未来建筑概念的梳理，未来建筑的建造不仅需要很好地融合各种建筑理念，还需要科学规划实施路径，有效集成多种实用技术、前沿技术、探索技术和新材料新工艺。

（1）未来建筑——新型建筑工业化方式建造

1）新型建筑工业化的含义。新型建筑工业化是以"设计标准化、生产工厂化、现场装配化、主体装饰机电一体化、全过程管理信息化"为特征，能够整合设计、生产、施工等全产业链，实现建筑产品节能、环保和全生命周期价值最大化的可持续发展新型建筑生产方式。

2）新型建筑工业化的目标。用一体化的方式，植入绿色智能化基因，从设计、生产、制造、施工、运营服务的建筑生命全周期，提出全产业链解决方案，将未来建筑打造为集智慧社区、智慧办公、智能家居为一体的智能服务体系。

3）新型建筑工业化的实施路径。未来建筑采用 EPC 模式建造，实行设计、生产、施工和机电装修的一体化，使项目设计更优化，更有利于实现建造过程的资源整合、技术集成及效益最大化，推动建筑业生产方式的转变。

4）新型建筑工业化可选用技术。适用于未来建筑的装配式建筑技术体系，可包括：标准化设计技术、工厂化生产技术、装配化施工技术和信息化管理技术等。这里仅对基于 BIM + 互联网的全产业链信息化管理技术，加以举例说明如下：

全产业链信息化管理技术，以 BIM 协同理念为研发主线，以 BIM 模型信息为集成基础，通过建立底层结构，来整合企业的构件系统、应用数据源等，实现企业内部 BIM 设计软件、BIM 协同平台、企业资源计划系统（ERP）、制造执行系统（MES）、控制系统（DNC\DCS\PLC）、施工现场 5D 管理系统以及管理链条中的其他系统之间无缝的数据共享和交换，并利用物联网技术，实现设计、生产、施工的一体化协同管理，为组织的战略决策信息化提供坚实的基础平台。平台全面助力建筑工业化的工程总承包 EPC 五化一体模式的推广，从而推动建筑业的全产业链发展。

（2）未来建筑——绿色施工

1）绿色施工的含义。未来建筑的施工过程应充分体现绿色施工的机械化、低碳化、信息化及智能化，在保证质量、安全等基本要求的前提下，通过科学管理和技术进步，最大限度地节约资源并减少对环境负面影响。

2）绿色施工的目标。实现施工过程的"四节一环保"即"节能、节地、节水、节材和环境保护"。

3）绿色施工的实现路径。未来大厦的绿色施工，应基于 BIM 技术信息化管理平台，在对环境影响最低的基础上，最终实现文明施工、高度机械化施工、高度智能化施工和人性化管理，实现节能、环保、智能、高效和以人为本。

4）绿色施工可选用技术

①在实用技术方面。主要包括：基于 BIM 和大数据应用的现场管理技术、多方协同管理信息化系统、施工现场智能化管理技术、工程安全事故预警管理系统、放样机器人、隔震技术、施工降水和雨水回收再利用技术、现场喷淋降尘技术、垃圾回收处理再利用及分类外运技术等。

②在前沿技术方面。主要包括：3D 打印技术、"移动造楼工厂"、自带塔机微凸支点智能顶升多功能作业平台技术等。

③在探索性技术方面。可考虑推行"建筑机器人"技术。受"白蚁行为"的启发，哈佛大学工程系已经制造出一个无需监管的建筑机器人小分队。自动机器人小分队可以建造复杂三维建筑，如古塔、城堡和金字塔，无需中心控制或专人监管。机器人只需四个传感器和三个制动器即可运转，能搬砖、建楼梯、爬楼梯上高层加砖。可以适应项目需求调整自身功能，还可以派往人们难以开展工作的地点开展工作。采用这种机器人为节省劳动力、降低劳动强度提供了终极解决方案。

（3）未来建筑——零碳排放

为应对全球气候变化，减少碳排放已成为全球性共识。在 2015 年 11 月联合国气候大会上，我国承诺：二氧化碳排放将在 2030 年左右达到峰值并争取尽早达峰，单位国内生产总值二氧化碳排放比 2005 年下降 60% ~ 65%。

1）零碳排放含义。无限地减少污染物排放直至零的活动。

2）零碳排放目标。零碳排放不是没有二氧化碳排放，而是使用植树等自然方式补充等量的氧气与人们排放的二氧化碳相抵而达到平衡。

3）零碳排放路径。一是要控制生产过程中不得已产生的废弃物排放，将其减少到零；二是将不得已排放的废弃物充分利用。实现将一种产业生产过程中排放的废弃物变为另一种产业的原料或燃料，从而通过循环利用使相关产业形成产业生态系统。

4）碳减排策略。主要可分为 5 个阶段：一是规划设计阶段：绿色设计、优选建材、因地制宜；二是工厂化生产阶段：绿色生产、低碳生产、高效能源供给；三是建造施工阶段：绿色施工、工业化精益建造、信息化管理；四是使用维护阶段：提高能源使用效率、利用可再生能源、提高使用者节能减排意识；五是拆除清理阶段：延长建筑使用年限、提高废旧建材和部品部件回收利用率。

未来建筑的碳减排策略：还应从整体性上，交集式考虑建筑全生命周期的碳减排，包括超低能耗设计、工业化建造、信息化与智能化应用等。实时监控能耗，为碳减排提供技术和数据支撑。

（4）未来建筑——零能耗建筑

1）零能耗建筑的含义。建筑物可再生能源产生的能源总量大于等于建筑消耗的能源总量。高层办公塔楼实现"零能耗建筑"还较困难，欧洲目前广泛实施"近零能耗建筑"。

2）零能耗建筑的目标。零能耗：适用于有大面积场地或扁平形建筑且位于可再生能源资源丰富地区的建筑；近零能耗：对于高层建筑或可再生能源不丰富的区域，保证建筑达到包括所有用能的一次能源消耗量 $\leqslant 120kWh/（m^2 \cdot a）$。

3）零能耗建筑的实施路径。实现（近）零能耗建筑的路径有三方面：一是被动式技术：优异的保温隔热维护结构、高性能门窗、高气密性措施、无热桥设计，同时利用热工设计方法使得建筑对能量的需求降到最小；二是高效用能系统：集成高效空调系统降低能源消耗，创造舒适的室内环境，实现超低能耗；三是可再生能源：利用地源热泵等可再生能源实现近零能耗，进一步实现零能耗。

4）零能耗建筑的可选用技术

①被动式建筑设计技术。在实用技术方面，主要包括：场址微环境优化、建筑形态节能、建筑位置与朝向设计优化、围护结构的保温隔热、被动式太阳能采暖、遮阳技术、自然通风技术等；在前沿技术方面，主要包括：建筑表皮适应性技术、一体化设计、气密性设计、无热桥设计、相变材料、节能涂料等；在探索性技术方面，主要包括气凝胶保温材料、变色太阳能技术等。

②高效用能系统。在实用技术方面，主要包括排风热回收、空调末端设置技术、空气净化装置、置换通风系统、照明节能、办公设备节能和能耗监测系统等；在前沿技术方面，主要包括太阳能制冷系统、太阳能除湿技术等；在探索性技术方面，主要包括智能立面技术等。

③可再生能源技术。在实用技术方面，主要包括地源热泵技术、太阳能热水、太阳能光伏发电等；在前沿技术方面，主要包括太阳能热电联供、太阳能光热中高温系统、新一代太阳能光伏、生物质能、风电建筑一体化技术等；在探索性技术方面，主要包括生物供电、太阳能光电玻璃、石墨烯材料、墙力充电宝（有机太阳能薄膜和预制混凝土装饰造

型板技术）等。

举例说明两项前沿技术和探索性技术，如图1所示。

图1　会跳舞的立面

会跳舞的立面（前沿技术）：是指一种由支撑结构和活动元素组成的创新构造体系。起支撑作用的是固定在多边形玻璃立面上的不锈钢斜撑，它与竖直方向的不锈钢导轨组装在一起。这些面板可以活动，既能彻底的将立面封闭，也能完全敞开。有多个电动机和中央控制系统让这些活动元素在三维空间中平滑移动，使得建筑立面能够不可思议地千变万化，人们可以像电影上映一样在立面上"播出"这些变化组合。

生物发电（探索性技术）：通过植物苔藓在光合作用中产生的细微电量来对生物燃料电池进行供电，从而进一步减少设备使用能耗。

（5）未来建筑——智慧建筑

1）智慧建筑的含义。未来建筑的智能系统就是一个楼宇虚拟管家，能全程主动对环境做出智能调节。适应人们的生活、工作、娱乐需求，是集舒适、便捷的智慧大厦（图2）。

2）智慧建筑的目标。智慧建筑的打造方式是以分布式智能云平台为基础，通过物联网化、"互联网+"化、智能化的方式，做到大厦中各个系统功能彼此协调运作，其本质是更加透彻的感知、更加广泛的联接、更加集中和更有深度的数据计算，为大厦肌理植入智慧基因。利用

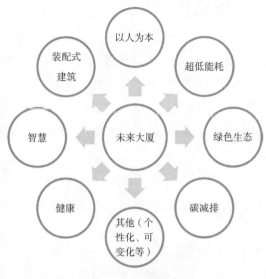

图 2　未来大厦组成

传感器、控制器、机器和人员的重新组合，形成人与物、物与物相联，实现信息化、远程管理控制和智能化网络的智慧建筑。通过大数据自我学习、优化，创建一个高效的建筑物的服务和管理信息系统。

3）智慧建筑的实施路径。未来建筑是利用计算机来控制和管理建筑物。将楼宇的通风、供暖、给水排水、内外通信和信息服务等功能用电子计算机控制，通过对建筑结构、设备系统、管理服务等基本要素以及内在联系的优化组合，为使用者提供了一个经营高效、办公舒适、安全便利的环境，满足商、住、娱乐、办公等多功能。并最终通过"互联网+"实现在任何地点都可以与未来建筑感知互动。

4）智慧建筑的可选用技术

①实用性技术。主要包括传统智能化系统、无线 AP 覆盖技术、无源光纤技术、双向电视传输技术、远程家庭智能化技术、卫星实时通信技术等。

②前沿性技术。主要包括"物联网 + 互联网"人工智能运营技术、面部识别技术、智能化设备集成控制技术、联合能耗监测管理技术、弱电智能化设备集成控制技术等。

③探索性技术。主要包括视频分析技术、虚拟现实系统、立体停车

技术、自控系统运行优化技术、电力载波信息技术传输等。

面部识别（前沿技术）：在未来建筑中，通过与物联网平台相连，面部识别时间仅 0.7s，随即建筑内嵌的授权智能系统自动启动。此技术可用于智能设备的自动启动与关闭，它也可以提供考勤、能耗数据查询、资费交易等功能。当智能系统开启时，网络平台内的所有设备即刻开始工作。如会议室的智能系统启动后，"智能化"将贯穿于会议从预定到结束的整个流程，包括：通过移动、PC 端在线一键操作，开展会前远程预订通知；通过无线设备启动、脸部识别签到，服务会前准备；通过全息数字演示代替 ppt、同声传译借用、大数据储存等技术，服务整个会议进程等。

（6）未来建筑——绿色生态建筑

1）绿色生态建筑的含义。绿色生态建筑是建筑与生态环境协调发展的建筑样式，它贯穿于建筑设计、建造、使用的整个周期中，综合考虑了建筑物＋环境保护＋高新技术＋能源＋相关联因素。绿色生态建筑进一步升级了建筑的使用功能，不仅有益于使用者的身心健康，并符合了"资源有效利用"的环保要求。

2）绿色生态建筑的目标。绿色生态建筑坚持"以人为本"，推崇建筑与环境共生的理念，从人文、能源、室内环境、资源、自然、经济等方面考虑全周期设计。在最大化利用现有环境因素的同时，尽最大可能减小对环境的污染。

3）绿色生态建筑的实施途径。通过在未来建筑设计及施工中采用室内空气质量保障技术、室内声光热环境质量保障技术、场地绿色生态技术、节水节材技术等适合项目自身特点的技术措施，实现未来建筑的绿色、生态、健康的目标。

4）绿色生态建筑的可选用技术

①实用性技术。主要包括变色玻璃、太阳能板屋面中水循环系统、屋面绿化、POE 监测等。

②前沿性技术。主要包括采光追逐镜系统、三体绿化、室内检测小气象站、水生态自净系统等。

③探索性技术。主要包括空气净化型表皮技术、自产能型调光玻璃

技术、生物链型能源传递技术、生态型表皮技术和酸碱度自调节墙面技术等。其中，前沿技术中的三体绿化技术将会在未来建筑中广泛使用。

三体绿化指的是屋面水平绿化＋表皮竖直绿化＋内部绿化节点。从空间使用角度来说，它提供了绿色空间使用的多样性，可用于等待、交流和阅读；从使用者角度来说，它提供了休闲、愉悦、漫步的功能，集中体现了绿色生态建筑的特点。

（7）未来建筑——健康建筑

1）健康建筑的含义。建筑物像"健康生命体"般自主调节，自动适应环境，提供良好的空气、阳光、水、营养等，最大限度地保证使用者身体及心理健康。

2）健康建筑的目标。健康建筑以人类价值实现为中心，在建筑的规划、设计、施工、运营管理等环节，从建筑的参与方、利益相关方出发，通过相应的技术和管理手段，实现建筑与环境、社会的互适融合，保证人们身体健康的同时，提升人们的精神愉悦度，优化人们的生活工作方式，实现健康建筑对社会发展和未来进步的需要。

3）健康建筑的实现路径。以使用者的健康为基本需求因素，因地制宜采取适宜项目自身特点的相关技术，来保证满足人的健康对室内空气、声、光、热、水等多方面的质量需求，最终实现未来建筑的健康目标。

4）健康建筑可选用技术。包括：

①实用性技术。主要包括室内空气质量、室内光环境质量、室内声环境、水质量技术等。

②前沿技术。主要包括模块化智能天窗系统、CF-TiO2（纳米二氧化钛）协同空气净化技术、测定 VOCs（挥发性有机物）的催化发光阵列气体传感器技术、OLED 照明技术等。

③探索技术。主要包括微生物净化技术、气体传感器智能化技术、QLED 照明技术、活性炭纤维吸声材料技术等。

OLED 中文名称为有机发光二极管，是一种薄膜发光二极管，它的发射层是一种有机物。这些器件的加工相比传统的 LED 成本低很多。OLED 被称之为"绿色光源"，具有独特的优点，如：OLED 不需要像 LED 一样要通过额外的导光系统来获得大面积的白光光源；OLED 照明可根据需求，设计所需颜色的光；OLED 可在多种衬底材料如玻璃、陶瓷、金属、塑料材料上制作，使得设计照明光源时更加自由；OLED 在照明系统中还可被用作可控色，允许使用者根据个人需要调节灯光氛围；OLED 器件的工作电压很低，使用非常安全等。

（8）未来建筑——新产品新材料新工艺广泛应用

1）透光混凝土。光线可以从混凝土的一面透至另一面，增加室内亮度，节省人工照明需求，周围物体可显示出阴影，体现朦胧美感。

2）收缩式遮阳表皮。双层皮间的遮阳设备，根据自然光的强度自动收缩，很好地调节建筑的遮阳效果。

3）复合型表皮。采用金属板＋太阳能板＋电致变玻璃建造的储能型建筑表皮，能就地产生清洁能源，为楼宇提供能源供应。

4）多种技术工艺的融合集成。未来建筑是相关门类科学技术发展的产物，它绝不是某一项或几项技术的简单叠加，而是充分尊重人的需求与自然协调发展的多项适用技术的有效集成和无缝互融。可包括：雨水收集回收系统、微风发电系统、模块化系统、绿化立面、生物质能、空中花园/绿色空间、智能立体停车场、智能玻璃、立面热回收玻璃、光伏幕墙、太阳能光伏涂料、智能表皮、防微尘纱窗、高效节能垂直电梯和水平电梯、创新楼宇自动化及能源管理、清洁与维修机器人系统、机器人组装、物联网＋互联网人工智能运营、远程展示设备、资源自动分离回收中心、实时数据显示能耗、数字化制造设备、基材再回收、地源热泵系统、生物质能转化系统、新型高效基础隔震系统等。

（9）未来建筑的办公生活情景预设

1）未来建筑——办公方式的创新。未来建筑可设置多种全新的、人性化的、创意氛围浓郁的办公模式。

2）未来建筑——厨房空间。未来厨房将与人们的生活紧密相连。它将具有以下特点：

①绿色厨房。人性化的设计和配置，将让厨房生活充满正面的、积极的情感，为使用者带来美好的、愉悦身心的体验，摒弃厨房里烟雾缭绕的印象。

②智慧厨房。未来厨房还能对用户进行引导和指导，成为用户的"良

师益友"。目前已有一些能用于未来厨房的科技产品。

3）未来建筑——浴室空间。未来建筑的卫浴，应该是一个集节约、清洁、安全、交互、保健、娱乐和资源化于一体的建筑空间。

4）未来建筑——公共休闲区域。办公类的未来建筑，都设有公共休闲区域，既满足缓解员工紧张工作的休息放松、交流娱乐需要；也为到未来建筑的来访人员提供休憩的空间。

（10）对未来建筑的总结性描述

结合未来建筑的研究背景，在尊重人与自然协调发展的基础上，通过梳理未来建筑的概念，提出未来建筑的实施方向，并充分畅想未来建筑的生活办公情景，对未来建筑作出以下五点总结性的描述：

1）未来建筑是在满足人的不断发展变化的需求基础上建立的，需要符合未来人类的工作、生活模式；

2）未来建筑是在以人为本原则下包括但不限于以下元素的组合集成：工业化、（近）零能耗、绿色生态、智慧、健康、碳减排、+/-N（个性化、可变化等），各项指标并不是简单的 +、- 关系，而是函数关系，相互影响，互为变量；

3）未来建筑发展目标：基本功能 + "幸福空间"（生理 + 心理）；

4）未来建筑期待着新材料、新工艺、新技术的出现；

5）未来建筑是大众参与、万众创新的产物。

3. 结语

经过几十年递进式发展，我国建筑业已走到了一个十分关键的关口。当下，大力推进装配式建筑的发展；着眼明天，积极构建未来建筑的实施方向。这是一个建筑人的思考，也是整个全行业的责任。行业内要增进交流、抓住机遇、形成合力，加快建筑业的创新发展，共同迎来建筑业更加美好的明天。

（该文主要摘自：叶浩文，李丛笑，新型建筑工业化与未来建筑的发展 [J]，建设科技，2016）

【案例7】 深圳裕璟幸福家园工程项目实践

1. 工程概况

裕璟幸福家园项目位于深圳市坪山新区坪山街道田头社区上围路南侧，东至规划创景南路，西至祥心路，南至规划南坪快速路，北至坪山金田东路。本项目是深圳市以首个一体化建造，采用EPC模式的装配式剪力墙结构体系的试点项目（图1）。

图1　项目效果图

本工程共3栋塔楼（1号、2号、3号），建筑高度分别为92.8m（1号楼、2号楼）、95.9m（3号楼），地下室2层。预制率约50%，装配率约70%，是深圳市装配式剪力墙结构预制率、装配率最高项目，也是采用深圳市标准化设计图集的第一个项目。总占地面积为11164.76m²，总建筑面积为6.4万m²（地上5万m²，地下1.4万m²），建筑使用年限为50年。主要预制构件有预制承重外墙、预制承重内墙、预制楼梯、预制阳台、叠合梁、叠合板和轻质混凝土内隔墙板（图2）。

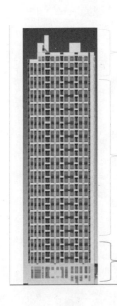

上部：屋顶层及机房层　　　现浇
● 1号2号楼——31层、机房层
● 3号楼——33层、机房层

中部：标准层　　　　　预制装配
● 1号2号楼——5~30层
● 3号楼——6~32层
●预制构件：预制承重外墙、预制承重内墙、预制楼板、叠合梁、预制楼梯
●轻质混凝土隔板、预制空调机架+百叶+遮阳构件
●现浇节点和核心筒采用铝模板现浇施工

底部：底部加强区　　　　现浇
● 1号2号楼——4层及以下
● 3号楼——5层及以下

图2　工程项目设计概况

2. 装配式建筑设计

（1）装配式建筑标准化设计

本项目是按照住宅产业化方式建设的保障性住房，采用《深圳市保障性住房标准化系列化研究》课题成果，为深圳市住宅产业化试点项目。

1）户型标准化设计。本项目3栋高层住宅共计944户，由35、50、65m²的三种标准化户型模块组成，为选用《深圳市保障性住房标准化系列化研究课题》的研究成果。通过对户型的标准化、模数化的设计研究，结合室内精装修一体化设计，各栋组合建筑平面方正实用、结构简洁，满足工业化住宅设计体系的原则。

2）预制构件标准化设计。1号、2号楼标准层采用一种通用户型，一种阳台，一种楼梯板；3号楼采用两种户型，一种阳台，一种楼梯板。实现了平面的标准化，为预制构件的少种类、多数量提供了可能。本工程预制范围从地上5层开始，主要预制构件包括：预制剪力墙、预制叠合板、叠合梁、预制楼梯、预制阳台（图3、图4）。

（2）结构设计

1）装配式建筑结构体系。本项目依据《装配式混凝土结构技术

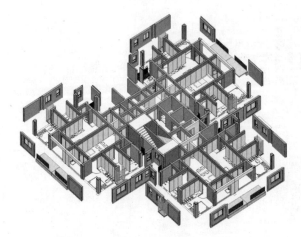

图3 1、2号楼标准层预制构件平面布置图

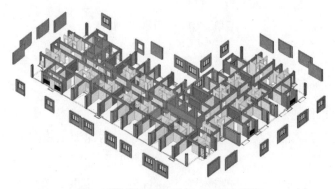

图4 3号楼标准层预制构件平面布置图

规程》JGJ 1—2014的相关规定,结合国内成熟的产业化设计施工经验。将预制装配式剪力墙结构体系应用于该项目,同时采用预制楼梯、楼板、阳台等构件,内隔墙采用轻质混凝土条板。预制外墙的采用,实现了无外架施工。

现浇部分,采用铝模施工,施工精度高,墙面质量好。按照铝模板施工、免抹灰轻质隔墙板、装配式楼梯间、装配式管井等几大优化原则,本工程在不改变方案及初步设计建筑功能的前提下,尽可能维持原结构布置体系,通过对部分剪力墙进行适当增减、变化,减少了主次梁搭接、实现了大开间大跨度板,同时部分位置外墙实现了标准化设计。各栋标准层预制构件平面布置图,如图5、图6所示。

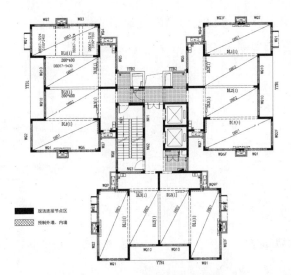

图5　1号、2号楼预制构件布置图

图6　3号楼预制构件布置图

2）关键节点设计。本项目节点设计依据国家标准规程《装配式混凝土结构连接节点构造》，在保证结构连接安全的前提下，遵循建筑的耐久性、保温节能、防水、美观相统一的原则。预制剪力墙连接节点采用灌浆套筒连接，将预制剪力墙连接成一个整体，保证其具有与现浇混凝土结构等同的延性、承载力和耐久性能，达到与现浇混凝土结构性能基本等同的效果。其整体性主要体现在预制构件与后浇混凝土之间的连接节点上，包括接缝混凝土粗糙面及键槽的处理、钢筋连接锚固技术、设置各类连接钢筋等（图7、图8）。

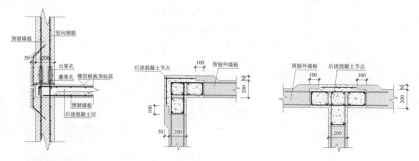

图7　预制剪力墙竖向节点　　　　图8　预制剪力墙水平节点

（3）装饰装修设计

采用内装一体化设计，为电气、给水排水、暖通、燃气各点位提供精准定位，不用现场剔槽、开洞，避免错漏碰缺，保证安装装修质量。一体化室内精装设计施工，大规模集中采购，装修材料更安全、环保，标准化的装修保障了装修质量，避免二次装修对材料的浪费，最大程度的节约材料。本项目采用全装修设计，保证了装修品质，装修部品工厂化加工，选材优质绿色，杜绝了传统装修方式在噪声和空气上带来的污染（图9）。

图9　装修效果图

3. 预制构件工厂生产

（1）预制构件生产基地

本工程采用广东中建科技有限公司作为预制构件生产基地，其厂区位于东莞市企石镇，占地面积约 10 万 m^2，共配置 5 条生产线，分别为混凝土生产线、墙板生产线、叠合楼板生产线、固定台模生产线、钢筋加工生产线等，预制构件年生产能力为 10 万 m^3（图 10）。

图 10　工厂加工生产示意图

（2）预制构件生产线

1）钢筋加工生产线。钢筋加工生产线主要由数控弯箍机旋转调直机、弯弧机、切断机、除锈机、风砂枪、网片焊机、套丝机等设备组成。构件生产基地钢筋生产线年产能约为 1.5 万 t。

2）墙板生产线。本项目预制墙板分为外墙板、内墙板，其墙板生产线需要一次混凝土浇筑成型（图 11）。

3）固定台模生产线。固定台模生产线主要生产异型构件和小批量构件，如预制叠合梁、预制阳台等，主要使用固定模台生产线，其不同于外墙、内墙、叠合板自动化生产线，它是传统预制构件生产形式，手工作业。

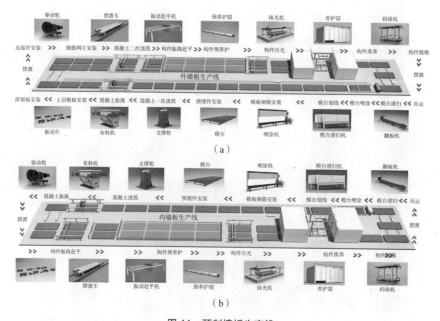

图 11　预制墙板生产线

（a）预制外墙板生产线示意图；（b）预制内墙板生产线示意图

4）叠合楼板生产线。本项目叠合楼板为 60+70mm，其中 60mm 在构件厂内进行预制，叠合楼板生产线由移动台模、边模、立体养护窑、喷油机、布料机、混凝土抹平机、起重机、电动运输平车组成，叠合楼板生产线主要分为模板清理区、划线区、钢筋网安装区、埋件安装区、边摸安装区、混凝土浇筑区养护区、抹平区、脱模区、构件冲洗区、构件缓存区等。

5）混凝土搅拌站。构件厂内预制构件生产所需的混凝土由混凝土生产线供应，混凝土搅拌完成后，通过移动混凝土灌配送至各条生产线。

（3）预制构件存放

构件厂内预制构件临时存放包括预制剪力墙、预制叠合楼板、预制叠合梁、预制阳台板、预制楼梯等（图 12 ~ 图 14）。

4. 装配式建筑的施工

（1）装配式施工总平面布置图

裕璟幸福家园项目工程现场共配备 2 台 STT293 平臂起重机，分

图 12　预制剪力墙堆放示意图

图 13　叠合楼板和预制楼梯临时堆放示意图

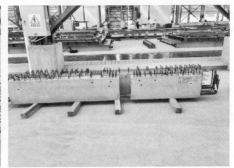

图 14　预制阳台及叠合梁临时堆放示意图

别为 60m 臂长一台、64m 臂长一台，共配置 3 台双笼施工电梯，现场设置预制构件临时周转场供预制构件周转使用，具体现场平面情况如图 15 所示。

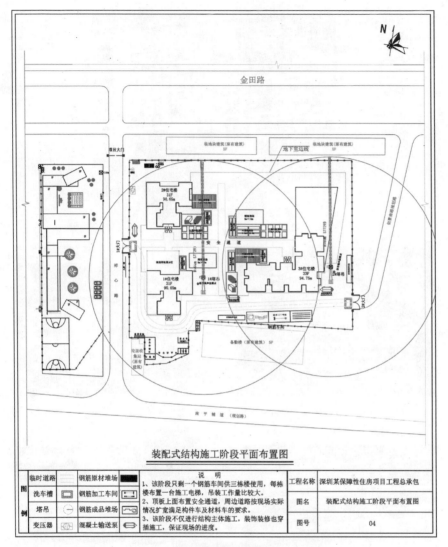

图 15　总平面布置图

（2）预制构件运输及成品保护

预制构件运输车辆选择。根据现场施工进度要求，在不影响施工进度的情况下，合理配置预制构件运输车辆及车次。

（3）材料准备

1）装配式施工准备。根据本项目预制构件类型及相关信息，在装配层施工前，需对装配式施工所使用的工装进行准备，主要分为吊装工具及构件厂堆放及预留预埋工具，支撑体系及工具，铝模及轻质隔墙板施工工具。

2）预制构件安装准备。本工程预制构件安装包括预制外墙板安装、预制内墙板安装、预制叠合梁安装、预制叠合楼板安装、预制阳台板安装、预制楼梯安装，具体预制构件平面布置图如图16所示。

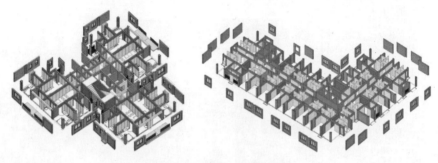

图16 预制构件平面布置图

5. 装配式建筑的 BIM 及信息化管理

（1）设计阶段 BIM 应用

1）标准化 BIM 构件库的建立。利用 BIM 系统对设计图样建模时，建立 BIM 构件模型库，通过装配式建筑 BIM 构件库的建立，可以不断增加 BIM 虚拟构件的数量、种类和规格，逐步构建标准化预制构件库（图17）。

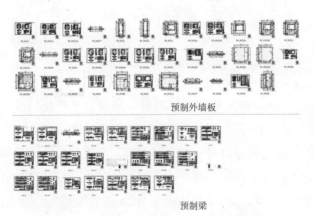

预制外墙板

预制梁　　　　　　　　　　裕璟家园 3# 楼

图17 BIM 构件模型库

2）可视化设计。装配式建筑的 BIM 应用有利于通过可视化的设计实现人机友好协同和更为精细化的设计（图 18）。

3）BIM 协同设计。BIM 信息模型集成材料信息、工艺设备信息、成本信息等，这些数据信息在 BIM 平台中集成分析，并基于同一模型进行工作，从而实现协同设计（图 19）。

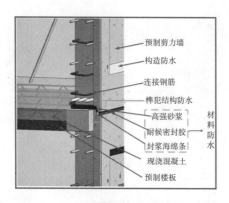

图 18　设计节点可视化

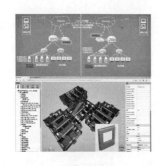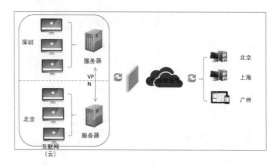

图 19　BIM 协同设计

4）管线综合碰撞检测。冲突检测及三维管线综合的主要目的是基于各专业模型，应用 BIM 软件检查施工图设计阶段的碰撞，完成建筑项目设计图样范围内各种管线布设与建筑、结构平面布置和竖向高程相协调的三维协同设计工作，以避免空间冲突，尽可能减少碰撞，避免设计错误传递到施工阶段。管线综合及碰撞检测 BIM 流程如图 20、图 21 所示。

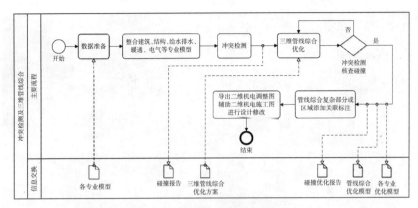

图 20　管线综合及碰撞检测 BIM 流程

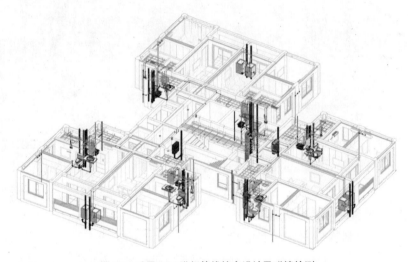

图 21　采用 BIM 进行管线综合设计及碰撞检测

　　5）虚拟仿真及其漫游。虚拟仿真漫游的主要目的是利用 BIM 软件模拟建筑物的三维空间，通过漫游、动画的形式提供身临其境的视觉、空间感受，及时发现不易察觉的设计缺陷或问题，减少由于事先规划不周全而造成的损失，有利于设计与管理人员对设计方案进行辅助设计与方案评审，促进工程项目的规划、设计、投标、报批与管理。

　　完成前期设计后，收集各专业设计完成的三维模型文件，并借助 BIM 软件技术，按照一定流程进行建筑体的仿真与漫游，如图22 所示。

图 22　BIM 虚拟仿真漫游

（2）生产阶段 BIM 应用

1）配合预制构件拆分、优化设计。利用 BIM 软件进行结构建模时，根据设计拆分原则，对项目进行拆分设计，同时，单个预制构件的几何属性经过可视化分析，可以对预制构件的类型数量进行优化，减少装配现场预制构件的类型和数量。

2）预制构件深化设计。为满足工厂生产的需求，应对各预制构件进行更详细的设计，包括预制构件混凝土形状、钢筋排布、线管预埋、洞口预留、预埋铁件、套管、连接件等的大小和位置关系，并利用 BIM 软件进行碰撞检查，确保各构件不产生冲突。

3）预制构件出图

①构件模板图。构件模板图是以建筑专业所创建的基本构件族为基础，集成了水暖电等设备专业在预制构件上的预留埋管、线槽等信息，一张完整的构件模板图包括主视图、俯视图、仰视图、右视图和三维效果图，对复杂的构件可添加背视图、横竖剖面等，各视图上要进行相应的尺寸及预埋构件的标注，以准确的表达预制构件的外形尺寸及预埋构件信息。制图标准以国标为准，如图 23 所示。

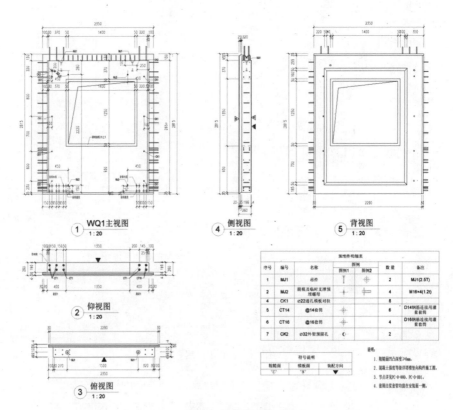

图23 构件模板图

②构件钢筋图。构件钢筋图是在建筑基本构件族的基础上，集成了结构配筋及吊钉、螺丝套筒等预埋件信息，主要包括主视图、俯视图、仰视图、右视图、三维效果图及钢筋和预埋件明细表，各视图上要进行相应的尺寸、钢筋定位及预埋构件的标注，以明确表达预制构件的结构信息（图24）。

4）构件工程量统计。利用BIM模型，不仅能快速准确统计项目所有预制构件的种类及数量，同时可针对单个预制进行工程量精确统计，包括混凝土体积、钢筋明细、预埋件明细、预埋线管套管明细等（图25）。

5）预制构件BIM模型辅助工程模具设计。通过预制构件BIM模型，可导入工厂模具设计平台，自动进行模具设计，快速组合下料，自动化生产。

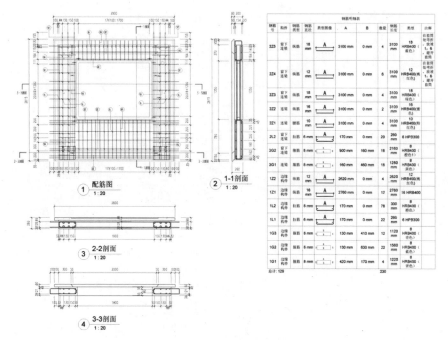

图 24　构件钢筋图

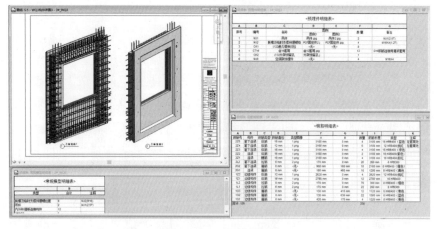

图 25　预制构件工程量统计

　　6）预制构件对接生产线。设计阶段的预制构件 BIM 模型可以通过二维码直接将 Revit 模型转换为轻量化模型，承载预制构件的信息，直接输入给工厂，工厂根据预制构件的用量信息汇总进行组织排产（图 26）。

图 26　预制构件信息

BIM模型生成数据信息导入流水线生产平台,辅助工厂智能化生产。在每一阶段的生产前进行构件的生产模拟,制订合理的生产计划。

BIM模型对接模具生产,通过模型进行模具生产模拟,合理指导工人进行生产。

（3）施工阶段BIM应用

1）施工BIM模型深化

本项目施工阶段的BIM模型,包括但不限于以下区域:地下室设备房（生活水泵房、消防水泵房、变配电房、消控中心等）、地下室综合管线、机电管井、所有公共区域、户内生活阳台、塔楼（含避难层）、架空层、产业化构件、所有户型,统筹设计单位BIM设计,以保证BIM设计成果符合施工条件,协调和集成并不断更新BIM数据,确保BIM模型与各方提供的施工图样、现场实际情况文档一致,同时,不断更新现场实测实量数据至BIM模型,直至项目竣工BIM模型交付（图27）。

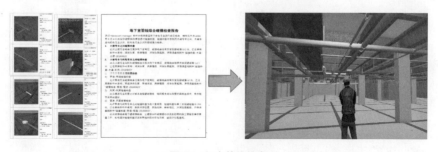

图 27　机电管线综合

BIM管道综合工程师结合设计师的BIM模型，根据施工要求对BIM模型进行管道综合。对模型进行净空分析，提高净空高度，优化设计方案。使用碰撞检测的方法，提前解决碰撞问题、施工难点区域问题、合理安排机电专业安装的施工进度和施工方案。并导出设置机电综合管道图（CSD）及综合结构留洞图（CBWD）等施工深化图样。

2）土建现浇施工技术模拟

对土建现浇部分中的难点重点进行施工技术模拟以及技术交底，让施工人员更直观了解施工工艺和施工方案。

对具备安全隐患的部位、区域进行施工技术模拟，提前优化施工方案，采用动画、图样、三维模型相结合的技术交底模式，避免出现施工事故（图28）。

桩基阶段平面布置

基坑阶段平面布置

地下室阶段平面布置

正负零平面布置

主体阶段平面布置

结构封顶平面布置

图28　施工模拟

3）机电设备管线安装模拟

对机电设备中的重大设备进行安装模拟，制定最优安装方案，提前制定入场计划，避免因空间问题，无法对大型设备进行安装等情况。

对机电管线密集的地方进行安装模拟，制定最优施工方案，提前制定各专业安装计划，避免出现因安装顺序、安装空间不够等问题造成的返工。

4）施工工作面布置模拟与优化

装配现场施工前期，根据项目实际情况利用BIM系统对现场平面、临设建筑、施工机具等进行建模，并模拟主体结构在建设过程不同工况下现场平面的变化情况，通过 BIM 系统对不同工况下平面布置的三维模拟，可最大程度的优化平面道路、原材料及构件堆场，同时，通过 BIM 三维模拟综合考虑各个工况下起重机、施工电梯等垂直运输位置最优。

5）预制构件施工方案及工艺模拟与优化

基于综合优化后的 BIM 模型，对预制构件施工安装重点部位进行施工工序及工艺模拟及优化，包括吊装、滑移、提升等，垂直运输、模板工程等通过施工模拟简化施工工艺及施工技术，优化各专业穿插施工工序，确保现场统一作业面各专业施工不出现交叉作业现象（图 29 ~ 图 31 ）。

在模拟过程中将设计的时间、工作面、人力、施工机械及其工作面要求等组织信息与模型进行关联。

图 29　预制飘窗安装模拟

图 30　预制阳台安装模拟

图 31 预制楼梯安装模拟

6）专项施工模拟

对专项工程进行施工方案模拟如垂直升降电梯安装和爬架安装，对施工人员进行专项施工技术交底，让施工人员准确了解专项施工方案的施工工艺和施工安全。通过技术模拟，施工单位可以快速准确地进行施工交底，施工人员也能直观快速地了解施工工艺，加快施工进度，提高施工精度。

7）BIM 施工进度管理

①使用 BIM 模型和施工进度计划制作施工进度模拟，通过动画的方式表现进度安排情况，直观检查施工计划中不合理安排。

②计划交底采取施工模拟与工作计划表相结合的方式进行，需要调整的部分在会议上进行讨论、记录，进度管理实施小组各组员意见达成一致后，修改总进度计划及施工模拟。

③根据项目实施节点，制定 BIM 实施关键节点，召开专项 BIM 工作会议，对于 BIM 工作进行相关内容的讨论和决议。

④采用 BIM4D 进度模拟，对施工计划模拟和施工实际模拟进行对比，提前发现实际进度和计划进度的差异，及时对进度计划进行调整，保证施工进度按时完成（图 32）。

8）BIM 施工质量管理

①建立完整的可以胜任服务期内所有 BIM 工作的专业团队，该专业团队可包含建筑、给水排水、暖通、电气等相关专业。通过高素质人才使用 BIM 施工管理方法，对项目进行施工质量管理，提高项目施工质量。

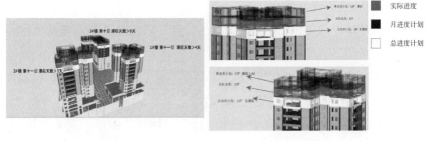

整体进度分析　　　　　　　　　　　主体结构进度分析

图 32　BIM 施工进度管理

②施工 BIM 团队应用 BIM 模型对现场施工质量进行检查，采用高精度测量仪器对现场安装定位情况进行复核，通过提高施工精度来提高施工质量。

③建设方、EPC 总承包、设计院、监理公司、施工单位使用同一个 BIM 模型，施工单位使用 BIM 模型结合施工图进行准确施工，建设方、EPC 总承包、设计院、监理公司使用同一个 BIM 模型对现场进行监督管理。避免出现因图纸理解问题而造成的各种施工质量问题。每个建筑构件都在 BIM 竣工模型中记录施工单位、班组等信息，方便问题追溯，提高责任制管理。

④模型与动画辅助技术交底针对比较复杂的建筑构件或难以二维表达的施工部位应利用 BIM 技术导出相关图片及视频，加入到技术交底资料中，便于分包方及施工班组的理解；利用技术交底协调会，将重要工序、质量检查重要部位在电脑上进行模型交底和动画模拟，直观地讨论和确定质量保证的相关措施，实现交底内容的无缝传递。

⑤现场模型对比与资料填写，通过移动终端软件，将 BIM 模型导入到移动终端设备，让现场管理人员利用 BIM 模型进行现场工作的布置和实体的对比，直观快速发现现场质量问题。并将发现的问题拍摄后及时记录，汇总后生成整改通知单下发，保证问题处理的及时性，从而加强对施工过程的质量控制。

⑥动态样板引路将 BIM 融入样板引路中，将施工重要样板做法、质量管控要点、施工模拟动画、现场平面布置等进行展示，为现场质量管控提供服务。

9）BIM 施工安全管理

①通过建立的 BIM 三维模型让各分包管理人员提前对施工面的危险源进行判断。

②通过建立施工过程的防护设施模型，对项目管理人员进行仿真模拟交底，确保现场施工按照模型布置执行。

③使用人员定位设备及时了解工地人员信息，方便人员工作管理、避免出现人员遇险而不知等危险情况。

④对各种重要设备、构件进行二维码定位管理避免出现设备、构件遗失。

⑤对危险生产等施工工艺进行模拟，提前发现危险，优化施工工艺，进行动画模拟施工技术交底，把风险降到最低（图 33）。

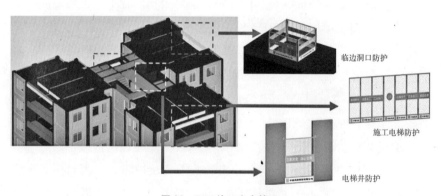

临边洞口防护

施工电梯防护

电梯井防护

图 33　BIM 施工安全管理

10）BIM 竣工模型

施工单位根据施工深化模型，在现场施工中根据现场施工情况进行调整模型，录入模型相关信息，并保证竣工 BIM 模型应与实际竣工情况完全一致且具备项目运营所需的充足信息。

BIM 竣工模型应包含后期能服务于运维阶段的各种信息（包括几何信息、维保信息、生产信息等）。各方最后决算使用竣工模型进行参考比对。

6. EPC 工程总承包管理

根据项目特点，本工程将采用自主知识产权的质量管理模块：装配式建筑构件二维码全过程质量追溯体系。

（1）装配式建筑构件二维码全过程质量追溯体系

系统对 EPC 项目中的预制构件进行全生命周期的扫码式信息管理。依托自主开发平台，从设计、生产、库存、运输、进场、安装、验收以及一户一型全生命周期信息，大大提高了信息管理水平。

（2）EPC 进度管控

通过装配式智慧建造平台集成，并对 BIM 原模型采用轻量化 BIM 技术，可直接导入管理平台，并可做到对每个楼栋、每个工序的进度计划的编制、实际进度的录入、进度对比、工作提醒等功能。

（3）EPC 现场安全信息化管理

基于 EPC 工程总承包现场安全管理的需求，投标人通过信息化管理手段，整合实名制管理系统、人员定位系统、视频监控系统以及安全管理系统（安全 APP）、大型设备监控实现对 EPC 工程总承包现场的安全管理。同时，所有管理动作采用线上一体化操作流程，资料齐全，系统智能化程度高，在手机端 APP 内集成实名制信息、人员定位信息、视频监控信息以及安全管理、大型设备监控信息，方便管理者对现场数据实时掌控。结合企业级数据库，对现场安全信息化管理数据资源进行了以下整合利用。

1）实名制系统（图 34）

图 34 实名制管理界面

2）人员定位系统

通过将 RFID 射频芯片镶嵌进安全帽内并在现场作业面布置信号接收基站的方法，成功地对现场的劳务人员进行追踪定位，确保了劳务分包数据的真实性且能够及时预警和监控安全状况，并实现对施工管理人员是否真实到达作业面进行监控（图 35）。

图 35　人员定位主界面

3）视频监控

基于 EPC 管理需求，在项目上通过视频监控摄像头的布设，对每个工作面实时监控，实现对现场施工进度、质量和安全的总体把控，并通过视频会议设备达到实时沟通和指挥的目的，可在台风等恶劣天气下及时掌握现场实际情况，便于各方的安全管理决策（图 36）。

图 36　现场监控实例

4）现场安全巡检 APP

结合 EPC 管理特点，应用现场安全巡检 APP，可实现建设单位、EPC 总包方、监理方对施工总承包的三级巡检进行实时管理（图 37）。

图 37　三级巡检 APP 界面

5）大型设备监控

基于大型设备安全监控管理系统，对大型设备特种操作人员进行人证合一、多重验证等方式规范化管理，对大型设备工作载荷、位移等信号的采集和额定工作参数的采集，利用液晶显示屏实时向操作者显示设备的当前工作参数与额定参数的对比状况，并进行记录（图 38、图 39）。

图 38　特种作业人员虹膜识别验证

图 39　大型设备监管 APP 管理界面

（4）VR 技术应用

VR 虚拟现实技术，拟结合 BIM 技术采用两种 VR 技术，实现了对这个施工过程的动态展示和在交付前对于样板间的全景预览。即：体验式 VR 虚拟现实与可视化 VR 虚拟现实。

1）体验式 VR 虚拟现实（图 40）

图 40　体验式 VR 虚拟现实

2）可视化 VR 虚拟现实（图 41）

图 41　可视化 VR 虚拟现实

（a）室内场景搭建；（b）室外场景搭建；（c）小区景观效果；（d）标准层场景搭建；（e）室内精装展示

【案例8】 深圳长圳公共住房项目实践

1. 工程概况

深圳市长圳公共住房工程项目规划有 24 栋高层塔楼（19 栋为不超过 150m 的超高层,5 栋为不超过 110m 的超高层）、四层商业及裙房配套、三座幼儿园及两层地下车库。同时设置 30m 宽市政道路,12m 宽城市支路,车库涵洞 2 个,车行桥 1 座,人行天桥 3 座,室外园林绿化及鹅颈水景观工程等,项目总建筑面积约为 115 万 m²,见图 1。

图 1　深圳市长圳公共住房工程项目

塔楼采用的结构体系为：现浇剪力墙结构（150m 高塔楼）、装配整体式剪力墙（灌浆套筒）（8 号、9 号）、双面叠合剪力墙（10 号）、环箍剪力墙（7A 号）、装配式钢和混凝土组合结构（6 号）。25 号幼儿园采用钢框架结构、16 号 ~ 17 号幼儿园采用现浇混凝土框架结构；裙房及地下室车库采用钢筋混凝土框架结构体系,其中地下室顶板采用无梁楼盖体系、塔楼相关范围内的地下室顶板采用主梁加腋大板楼盖体系、裙房顶板采用主梁加腋大板楼盖体系。

深圳长圳公共住房项目将综合应用绿色、智慧、科技的装配式建筑技术,秉持"以人为本的高质量发展"新理念,打造成建设领域新时代践行发展新理念的城市建设新标杆。深圳市政府拟借助此项目打造"三大示范""八大标杆"。

其中"三大示范"为发改委层面的国家可持续发展议程创新示范区的示范、科技部层面的国家重点研发计划专项综合示范工程、住建部层面的装配式建筑科技示范工程。"八大标杆"为公共住房项目优质精品标杆、高效推进标杆、装配式建造标杆、全生命周期 BIM 应用标杆、人文社区标杆、智慧社区标杆、科技住区标杆、城市建设领域标准化管理标杆。

2. 标准化设计基本原则

装配式建筑标准化设计的基本原则就是要坚持"建筑、结构、机电、内装"一体化和"设计、加工、装配"一体化,即就是从模数统一、模块协同,少规格、多组合,各专业一体化考虑。要实现平面标准化、立面标准化、构件标准化和部品标准化。平面标准化的组合实现各种功能的户型,立面标准化通过组合来实现多样化,构件标准化、部品部件的标准化需要满足平面立面多样化的尺寸要求,见图 2。

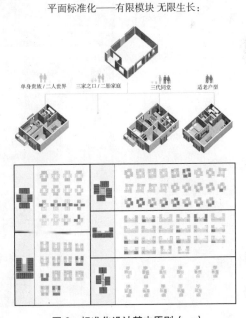

图2 标准化设计基本原则(一)

立面标准化——标准化 + 多样化：

图2　标准化设计基本原则（二）

构件标准化——少规格、多组合：

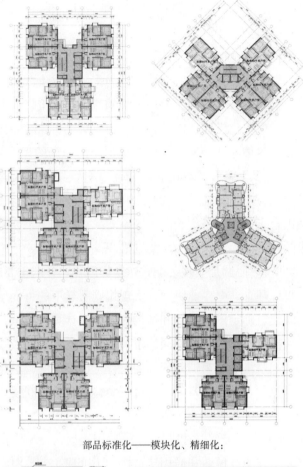

部品标准化——模块化、精细化：

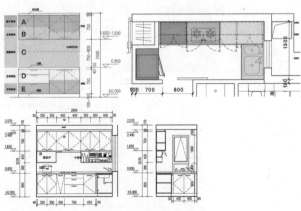

图2 标准化设计基本原则（三）

3.四个标准化设计

长圳项目采用四个标准化设计方法，即平面标准化、立面标准化、构件标准化、部品标准化。

（1）平面标准化

深圳市长圳公共住房项目应用平面标准化设计方法，结合任务要求，系统实施科技引领、智慧协同、模块生长的建筑设计策略。方案采用标准化、模数化、模块化设计，以建筑、结构、机电、内装一体化的无柱大空间装配式建筑体系为驱动，实现了套内空间布局的无限生长；户型模块组合出品字形、蝶形、双拼和Y字形4种共7类组合楼栋，实现了模块组合的无限生长；在总平面规划中满足了多种形式和高度要求，实现了空间组合丰富、形态优美的住区空间。全面彰显了公共住房标准化设计成果的先进性、适应性和可复制推广性。

1）模数和模数协调是实现装配式建筑标准化设计的重要基础

①创新设计理念，全专业协同，实现规则引导下的可变结构模块系列。打破传统建筑师定户型设计和结构配墙体、计算、定案，创新采用建筑师定模块标准，建筑结构协同确定最优的结构大空间，设计协同生产、施工，确定模块变化规则，依规则设计，标准模块，形状可变。

②平面标准化模数协调规则：开间不变、进深以200模数进行延伸扩展。

③模块间接口的标准化：相同尺寸的通用边界，便于模块间的协同拼接。基本模块在200模数和通用接口协同下变成12个、18个、24个甚至更多系列，实现了户型的无限生长，见图3。

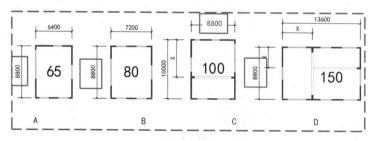

图3 户型无限生长

2）合理划分建筑平面，形成若干标准化模块单元（简称标准模块）

住宅标准层平面由套型模块和核心筒模块组成；套型模块由起居室、卧室、厨房、卫生间等功能模块组成；每个模块根据人体尺度、家具尺寸、日常生活行为等因素确定，见图4。选取标准化的开间进行排列组合，最大限度地减少户型种类。经过反复推敲，组合出 $65m^2$、$80m^2$、$100m^2$ 及 $150m^2$ 四个面积共 6 种户型，见图 5。

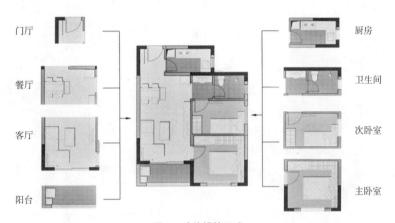

图 4　功能模块组成

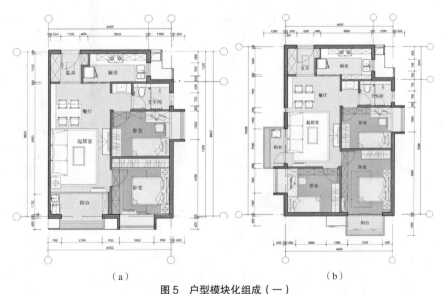

（a）　　　　　　　　　　　　　　（b）

图 5　户型模块化组成（一）

（a）标称 $65m^2$ 户型；（b）标称 $80m^2$ 户型

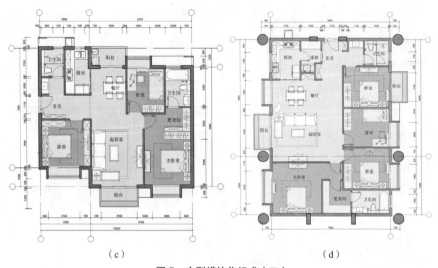

（c）　　　　　　　　　　　（d）

图 5　户型模块化组成（二）

（c）标称 100m² 户型；（d）标称 150m² 户型

实现了模块内部空间的无限生长——标准模块内部布置的灵活性、适用性和可变性，见图 6。

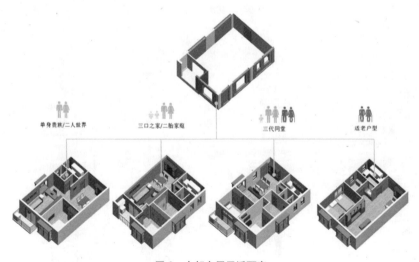

图 6　内部布局灵活可变

3）若干标准模块组合多样化的标准层平面

在 5 种基本平面形状下通过 4 种基本户型模块以通用协同边界

8800mm 进行组合，组成 89 种变体，实现楼栋组合的无限生长。可以通过增加标准模块，组成更多的楼栋组合，用数学公式推算，每增加一种标准模块，组合增加 n 种变体，因此，这种组合理论上是无限的，见图 7。

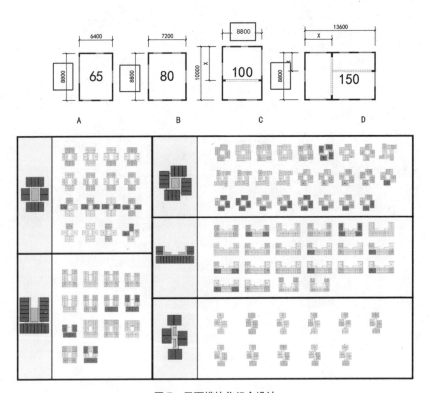

图 7　平面模块化组合设计

遵循"少规格、多组合"的原则，长圳项目以基本套型为模块进行组合设计，在标准化设计的基础上实现系列化和多样化。楼栋应由不同的标准套型模块组合而成，通过合理的平面组合形成不同的平面形式，并控制楼栋的体型。通过可调式交通核（电梯间）与标准模块的不同组合方式，确定 5 种甚至更多种基本平面形状，见图 8。

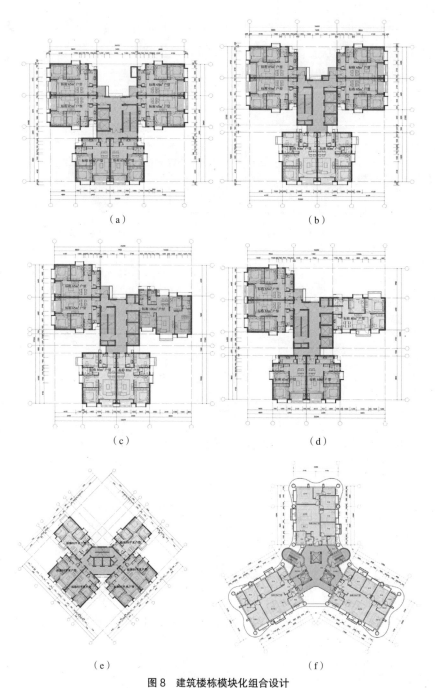

（a）　　　　　　　　　　（b）

（c）　　　　　　　　　　（d）

（e）　　　　　　　　　　（f）

图 8　建筑楼栋模块化组合设计

（a）品字形标准层平面 1；（b）品字形标准层平面 2；（c）双拼标准层平面 1；（d）双拼标准层平面 2；

（e）双拼标准层平面 3；（f）Y 字形标准层平面

（2）立面标准化

1）外墙集成设计

项目采用了外墙板、门窗、阳台、色彩单元的模块化集成设计技术。通过4种窗、8种外墙板、3种阳台板、4种空调板及4种色彩的排列组合，最大可形成1536种立面组合效果，见图9。

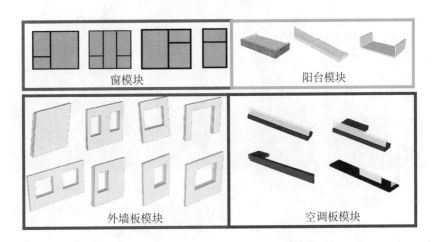

$$C_4^1 \times C_3^1 \times C_8^1 \times C_4^1 \times C_4^1 = 1536$$

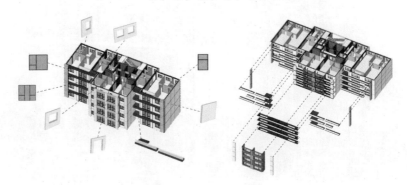

图9 立面多样化设计

2）通过预制挂板构件实现多样化的立面效果

长圳项目采用平面标准化设计方法，通过标准构件的合理组合，设计出简洁大方的建筑立面，实现了多样化组合，实现了立面多样化，见图10。

图 10　本项目立面设计

(a) 立面一；(b) 立面二；(c) 立面三；(d) 立面四

（3）构件标准化

长圳项目充分利用了构件标准化设计，达到预制构件的高重复使用率，其所用预制构件仅有 66 种，种类少、重复率高，可复制，使预制构件的生产、装配达到了较高的工业化水平，有效地降低构件生产成本。

1）构件模数化延展设计

预制构件模数化延展设计是将各个种类的预制构件分别固定一边的设计尺寸，而另一边的尺寸进行模数化延展扩伸为系列构件，系列化的构件系统由可变模板技术实现。

2）构件模数化组合设计

依据四种基本户型单元，竖向墙体构件首先进行 8800 通用接口边的构件标准化设计，再依据以 6400mm 为基准、以 200mm 为模数进行构件的标准化、通用化设计。

依据四种基本户型单元，水平叠合板以 6400mm 为不变尺寸，以 200mm 为模数协调进行标准化设计，形成 5 种通用化预制叠合板，组成了品字形、蝶形、双拼和 Y 字形共 7 类组合楼栋平面。

其余楼梯、阳台按照同样原则进行标准化设计。在构件组成标准化平面的同时，按照外墙的门窗、阳台、颜色的标准化，协同形成多样化的立面。

3）构件钢筋笼的标准化深化设计技术

在构件外形尺寸标准化基础上进行钢筋笼标准化设计，统一钢筋位置、钢筋直径和钢筋间距；建立系列标准化、单元化、模块化钢筋笼，实现标准化加工。

4）构件连接区域的标准化设计

按照模数协调、最大公约数原理，以结构平面尺寸模数和构件尺寸模数的协调要求，确定构件连接区标准化模数。深圳长圳项目按照 100 的平面模数和 100/200 的构件模数的协调，确定为 $n \times 200$，以及 100mm×100mm 标准转角模数，可组合成满足需要的"一"形、"L"形、"T"形不同截面的布置需要。

长圳项目构件的连接节点，通过综合考虑规范要求的最小现浇段长度、现浇段铝模的模数化、相连构件的标准化等因素，确定最优尺寸，并且将"一"形连接节点、"L"形连接节点、"T"形连接节点完全标准化，见图 11。

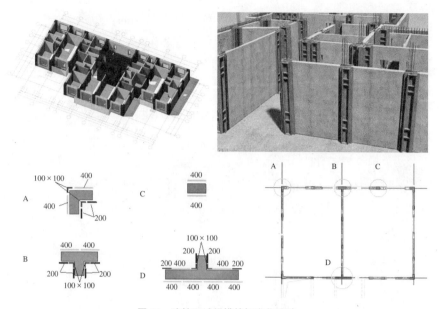

图 11　连接区域铝模的标准化设计

5）构件设计、钢筋笼、模具的一体化标准化设计

①标准化的预制外墙板

利用基于 BIM 的钢筋参数化设计技术，形成与标准化预制外墙板规格尺寸、模数数列相关联的标准化钢筋笼，并匹配相应的标准化模具，提高了项目标准化设计水平。

②标准化的预制叠合梁

利用基于 BIM 的钢筋参数化设计技术，形成与标准化预制构件规格尺寸、模数数列相关联的标准化钢筋笼，并匹配相应的标准化模具，提高了项目标准化设计水平。

③标准化的预制叠合板

利用基于 BIM 的钢筋参数化设计技术，形成与标准化预制构件规格尺寸、模数数列相关联的标准化钢筋笼，并匹配相应的标准化模具，提高了项目标准化设计水平。

④标准化的预制阳台

利用基于 BIM 的钢筋参数化设计技术，形成与标准化预制构件规格尺寸、模数数列相关联的标准化钢筋笼，并匹配相应的标准化模具，提高了项目标准化设计水平。

⑤标准化的预制楼梯

利用基于 BIM 的钢筋参数化设计技术，形成与标准化预制构件规格尺寸、模数数列相关联的标准化钢筋笼，并匹配相应的标准化模具，提高了项目标准化设计水平。

钢筋笼标准单元见图 12。

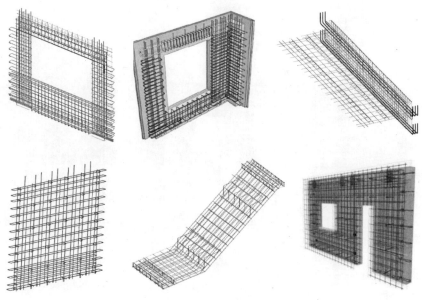

图 12　钢筋笼标准单元

（4）部品标准化

以功能需求为基础，协调部品和建筑模数，进行标准化功能模块的集成化设计。

在"有限模块，无限生长"获奖户型方案基础上，结合本项目任务，通过客群分析研究深圳市民的居住习惯和需求，演绎户型布局，确定 7 大设计原则，并对厨房、玄关、卫生间、衣柜 / 衣帽间、洗衣机柜等空间展开精细化设计，结合 VR 技术完成了 4 种标准户型的内装修设计，提供了新的设计体验，见图 13。

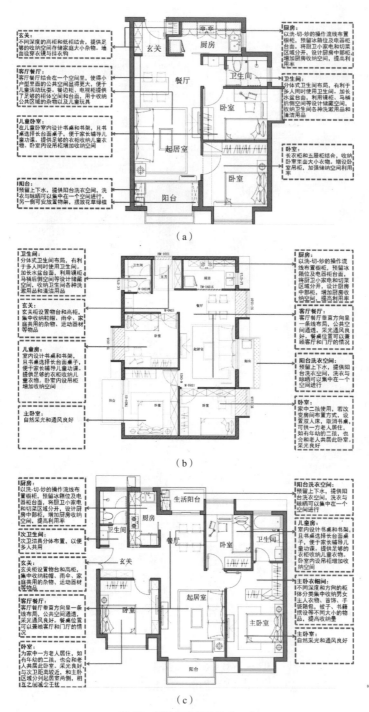

图 13 部品标准化设计（一）

（a）标准 65m² 户型；（b）标准 80m² 户型；（c）标准 100m² 户型

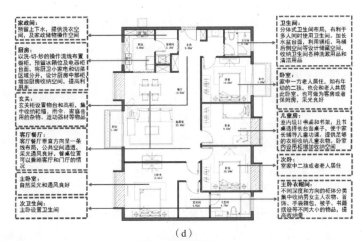

图 13　部品标准化设计（二）
(d) 标准 150m² 户型

（4）效果及总结

长圳公共住房及其附属工程项目将被打造成为深圳市公共住房优质精品的标杆，全面提升建造质量，以满足人民对美好生活的向往。该项目将全面应用绿色建造技术，在建筑的全寿命周期内，最大限度节约资源，节能、节地、节水、节材、保护环境和减少污染，为人民提供健康适用、高效使用，与自然和谐共生的建筑。

智慧建造平台的采用，将全面贯通于长圳公共住房及其附属工程项目的设计、商务、生产、施工、及运维各环节，将人员、流程和业务三者进行关联，基于 BIM 轻量化模型进行各环节的信息互联互通。

【案例9】 深圳市坪山高新区综合服务中心项目实践

1. 工程概况

深圳市坪山高新区综合服务中心项目位于深圳市坪山区燕子湖片区，西至瑞景路，南至玉田路，由北向东文祥路包围。本项目为服务建筑、酒店建筑，包含展览、研讨用房、餐厅、厨房、酒店公共部分、酒店客房及配套用房等。

本项目共2栋建筑，其中1号楼为会展中心（图1）。2号楼为酒店（图2）。项目建筑用地面积约8.68万 m^2，总建筑面积约13.3万 m^2，会展中心建筑面积约8.7万 m^2，酒店建筑面积约4.6万 m^2。建筑高度（室外地面至其檐口与屋脊的平均高度）为1号楼23.8m；2号楼23.6m。1号楼地上3层、地下1层，2号楼地上6层、地下1层。建筑分类包括1号楼为多层公共建筑，建筑耐火等级为地上二级、地下一级；2号楼为多层公共建筑，建筑耐火等级为地上二级、地下一级，设计使用年限为50年。各建筑装修及园林效果图见图3～图6。

图1 会展中心效果图

图 2　酒店效果图

图 3　会展中心装修效果图

图 4　景观园林效果图

图 5　酒店装修效果图

图 6　泛光照明效果图

2. 快速智慧建造模式

（1）REMPC 总承包管理

本项目以"三个一体化"为发展路径（建筑、结构、机电、装修一体化，设计、加工、装配一体化，技术、管理、市场一体化），结合装配式建筑的产业特点，大力推广"科研＋设计＋制造＋采购＋施工"一体化模式，即 REMPC 五位一体，为全面提升工程建造质量提供了有力保障，见图 7。

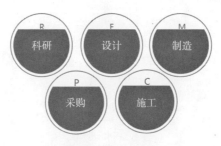

图 7 REMPC 模式

1）科技研发

项目以中建科技所属国家首个装配式"院士工作站"和住房城乡建设部唯一"建筑工业化集成建造工程技术研究中心"为智库，形成了中建科技《装配式建筑技术标准》和一体化建造技术体系，在此基础上开展了项目的相关研发与设计。

2）建筑设计

本项目在设计过程中采用系统集成思维，将建筑系统划分为钢结构系统、外围护系统、设备与管线系统、内装系统，打破了常规项目建筑设计与部品生产、施工割裂的方式，在进行建筑、结构、机电设备、室内装修一体化设计的同时，与构件生产单位、施工单位和部品生产单位等进行 BIM 协同设计，见图 8。

3）工厂制造

钢结构从设计源头进行优化，大量采用了标准型材和通用节点，主要运用了箱形柱、H 型钢梁和大跨度桁架 3 种标准类型的钢构件，总用钢量约 1.7 万 t，见图 9。

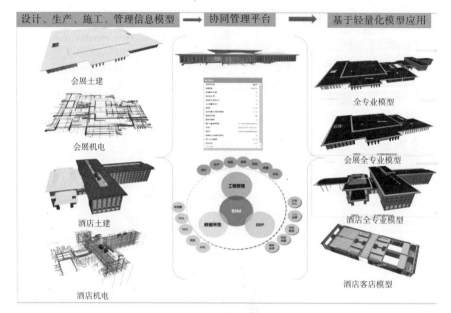

图8 一体化平台

图9 中建钢构构件厂

4）产品采购

本项目通过云筑网完成了44项招采工作，其中大项28项、小项16项。项目管理人员，可通过手机APP（云筑审批）完成线上招标、定标流程，实现商务招采工作的快速性、便捷性及公开透明性，见图10。

5）现场施工

项目部构建了工程总承包管理架构，以总包合同为依据，全面发挥BIM平台作用，有效集成全员、全专业、全过程的信息共享，在合约管理、进度管理、质量管理、安全生产、分供方管理等方面，形成明确的目标责任和底线要求，加强了工程建造过程的全方位管控，见图 11。

图 10　中建云筑网平台

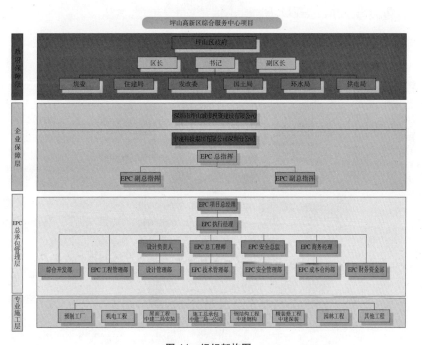

图 11　组织架构图

（2）全系统装配式建造

1）装配式钢结构

为了实现高质量快速建造，本项目采用 BIM+ 装配式全钢结构技术体系，主体结构采用全钢结构装配式施工，极大缩短施工时间，13.3 万 m² 建筑面积、1.7 万 t 钢结构主体结构在三个月内即可完成。

2）装配式机电

机电安装采用装配式安装工艺，工厂预制，场外预拼装。通过 BIM 模型解读出该部品部件的用料清单信息并用于部品部件备料和数控生产等，实现工厂精准下料和精细化生产，以及现场准确安装。本项目采用了以下新技术：

①基于 BIM 的管线综合技术；

②基于智能化的装配式建筑产品生产与施工管理信息技术；

③机电管线及设备工厂化预制技术；

④机电消声减振综合施工技术；

⑤工业化成品支吊架技术；

⑥基于 BIM 的现场施工管理信息技术。

见图 12 ~ 图 14。

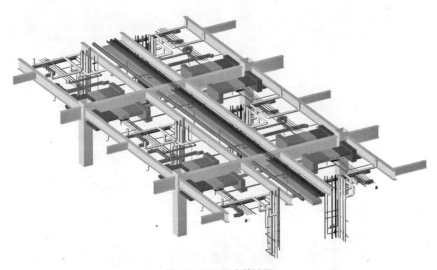

图 12　BIM 机电管线图

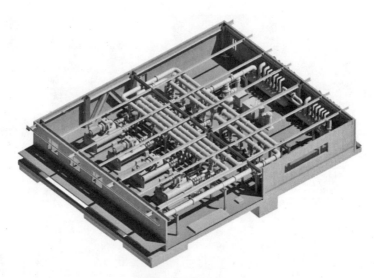

图 13　装配式制冷机房

图 14　综合支吊架

3）装配式装饰装修

除卫生间湿区，墙板、天花、地面等均采用装配式装饰装修，通过地面架空、墙面干挂、集成吊顶等技术手段，实现了"干作业、免抹灰"，避免了传统大面积湿作业带来的弊端，更先进、更环保、更科学、更高效，见图 15、图 16。

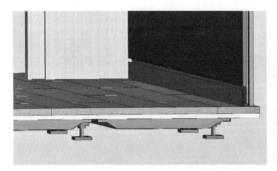

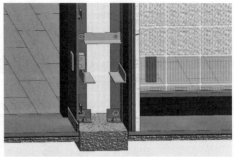

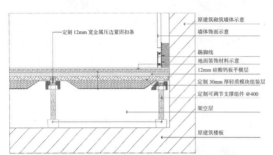

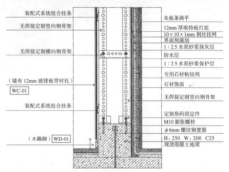

原建筑砌筑墙体示意
定制 12mm 宽金属压边紧固扣条
墙体饰面示意
踢脚线
地面装饰材料示意
12mm 硅酸钙板平横层
定制 30mm 厚轻质模块组装层
定制可调节支撑组件 @400
架空层
原建筑楼板
装配式系统组合挂条
无焊接定制竖向钢骨架
无焊接定制横向钢骨架
（墙布 12mm 玻镁板背衬托）
WC-01
装配式系统组合挂条
（木踢脚）WD-01
夹板条调平
12mm 厚埃特板打底
10 × 10 × 1mm 钢丝挂网
界面剂满刮
1 : 2.5 水泥砂浆抹灰层
防水层
1 : 2.5 水泥砂浆保护层
专用石材粘结剂
石材饰面
无焊接定制竖向钢骨架
定制角码固定件
M10 膨胀螺栓
φ6mm 螺纹钢置筋
H：250 W：200 C25
现浇混凝土地梁

图 15 装修做法图（一）

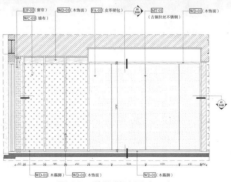

UP-01（窗帘）
WC-01（墙布）
WD-01（木饰面）
FA-01（皮革硬包）
MT-01
（古铜拉丝不锈钢）
WD-01（木饰面）
WD-01（木踢脚）
WD-01（木饰面）
WD-01（木踢脚）

图 16 装修做法图（二）

装配式地面架空体系,施工安装便利,空间使用高效,减轻结构荷载,可拆卸,方便维修。装配式定制墙板(带饰面)体系,墙板体系填充隔声材料更环保;灵活分隔空间,建造省时,使用舒适。装配式无焊接钢骨架体系场外加工使现场作业安全、高效,品质统一;维修、更换便捷。

4)通高超人单元玻璃幕墙

外围护采用工厂加工、现场拼装、整体吊装的通高超大单元玻璃幕墙及 GRC 挂板体系,见图 17。

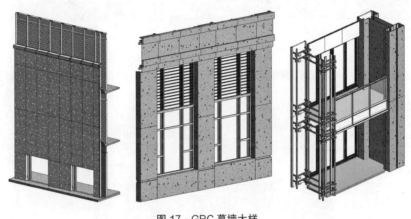

图 17　GRC 幕墙大样

(3)物联互通、智慧建造

结合装配式建筑的建造特点,中建科技自主创新研发了具有中建科技自主知识产权的"中建科技装配式智能建造平台",平台包括模块化设计、云筑网购、智能工厂、智慧工地、幸福空间五大模块。本项目做为中建股份和中建科技的重点工程,全面运用智能建造平台,实现了全过程的物联互通及智慧建造,见图 18。

1)模块化设计—设计环节

利用 BIM 协同设计管理平台,实现全员全专业的图纸文档管理、图纸查阅、图纸审核审定,设计变更、流程管理等,实现无纸化设计,见图 19。

2)云筑网购—采购环节

通过平台提前对工程量进行统计,根据施工顺序提前预估工程量,

图 18　智能建造平台

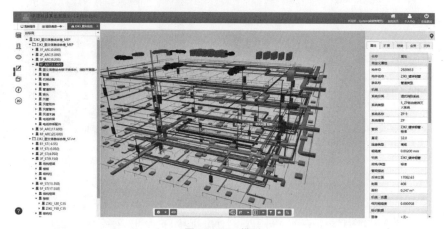

图 19　BIM 模型

合理控制成本造价。

利用云筑网进行线上采购，减少不必要的采购环节，实现招采工作的快速、便捷，为本项目的快速推进起到了重要作用。

3）智能工厂—生产环节

通过工厂分布管理，结合本项目的部品部件数量和类型，进行任务量分配。

利用物联网、大数据等技术，形成了一个基于云端的信息系统，以制造方式的创新，促进预制部品部件制造和配送的专业化、标准化、规模化、信息化，见图20。

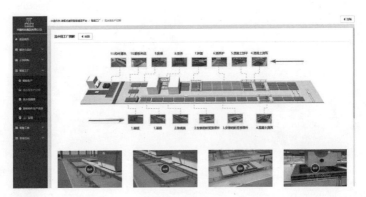

图20 云平台

4）智慧工地—施工环节

项目为提高管理效率及质量安全，进行了人员实名制、人员定位、远程视频监控、大型设备监控、延时摄影、无人机航拍、基于大数据分析的降温降尘管理系统、第一代机器人模拟建造等内容的信息化创新应用，见图21。

图21 智慧工地

利用 BIM 技术进行虚拟建造,提前预判并解决施工过程中可能出现的各种问题,见图 22。

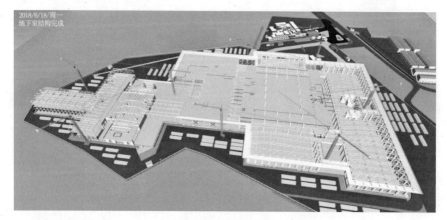

图 22 BIM 施工模拟

5)幸福空间—交付环节

基于 VR、全景虚拟现实技术,保证实现本项目的绿色节能、环保、质量优良实体空间;智能化虚拟"幸福空间",提供新建筑交付、全景建筑使用说明书、全景物业管理导航、全景建筑体检等服务,让后期运营单位轻松体验到"智能建造,提升质量,让生活更美好!",见图 23。

图 23 场景模拟

【案例10】 山东建筑大学教学实验楼工程项目实践

1. 项目概况

图1 设计效果图

图2 建筑实景图

　　山东建筑大学教学实验综合楼项目位于山东建筑大学新校区内图书信息楼南侧，紧邻雪山东麓，总建筑面积9721.05m²。本工程为地上6层，其中1、2层主要是实验室，3~6层主要为研究室，见图1、图2。本工程为多层公共建筑，地上耐火等级为二级，混凝土屋顶耐火等级为二级。建筑结构形式为钢框架结构，合理设计使用年限为50年，抗震设防烈度为六度设防。

　　该项目是国内第一个装配式钢结构被动式（近）零能耗绿色建筑，被评为山东省科技示范工程、住房和城乡建设部科技示范工程和中美清洁能源示范项目，引领了国内被动式钢结构装配式建筑发展方向。该项目采用钢框架结构外挂蒸压加气混凝土墙板的整体装配式形式，项目遵循被动式超低能耗建筑的基本原则，采用了高隔热保温的围护结构体系、无热桥处理技术、气密性保证技术、高效新风系统、室内舒适性控制技术、温度湿度独立控制技术等关键技术。项目技术指标如下：

　　年供暖需求：$\leq 15kWh/（m^2 \cdot a）$

　　年制冷需求：$\leq 25kWh/（m^2 \cdot a）$

　　一次能源需求：$\leq 120\,kWh/（m^2 \cdot a）$

　　（包括：采暖、制冷、除湿、热水、照明、设备辅助用电和电气设备用能。）

　　室内温度：20~26℃

　　相对湿度：40%~60%

　　CO_2 含量：$\leq 1000ppm$

　　气密性：n50 $\leq$ 0.6次/小时

　　新风要求：$\geq 30m³/（h \cdot 人）$

　　外墙传热系数：0.14W/（$m^2 \cdot K$）；

　　屋面传热系数：0.14W/（$m^2 \cdot K$）；

　　外窗及外门采用传热系数不大于1.0W/（$m^2 \cdot K$）

2. 工程特点与创新

（1）钢结构装配式被动式建筑气密性处理技术研发与应用

　　在同一建筑中同时实现被动式超低能耗和装配式，因两者面向点不同，而具有一定的难度。难度之一就是气密性的处理：被动式超低能耗建筑要求高气密性，装配式建筑的围护层难免会存在大量的安装和拼接缝隙，包括装配式建筑需要一定的弹性或扰度，气密性不会很好。且目前国内尚无钢结构装配式被动式建筑案例可以参考。面对这一技术挑战，中建科技技术团队采取了一系列的技术手段，并通过试验验证，最终实施在项目中。

首先进行气密层薄弱点识别，包括：外墙挂板板间横竖板缝、外墙挂板与楼板、顶板之间的缝隙、脚手架拉结点位置。经过设计团队和施工团队共同研究，制定具有施工操作性的方案。

项目提出在预制墙板板缝常规处理的基础上（图3），于室内外侧板缝间增设一道加强玻纤网格布，在室内侧设置砂浆气密层，气密层采用钢丝网做抗裂保证，并翻边铺设至楼面部位（图4）保证其连续性等具体的解决方案。

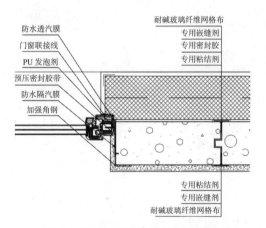

图 3　外墙垂直缝节点图（局部展示）

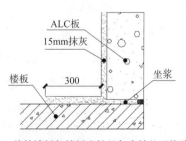

图 4　外挂墙板与楼板交接处气密性处理构造图

由于钢梁材质与抹灰材质不同，抹灰在钢梁上的粘结强度不够，而且钢梁与抹灰之间膨胀系数差异较大，因此温度变化过程中容易造成抹灰开裂，从而产生通缝形成泄露点。项目采用 S50 防火板充当过渡层，S50 防火板为水泥基材料，与抹灰层之间有很好的相容性。H 型钢梁外包 S50 防火板后，将构成气密层的外墙内侧抹灰由 ALC 板部位延伸至 S50 防火板上形成连续的气密层。为保证质量，抹灰层与楼板接触部位做倒角处理。图 5 为钢结构气密性处理构造图，左为梁外板构造，右为梁下板构造。梁下板钢梁腹部填充岩棉以减少热桥作用，岩棉不具备气密性。

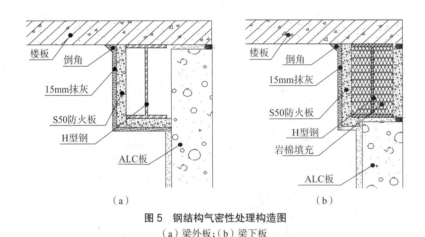

图 5　钢结构气密性处理构造图
（a）梁外板；（b）梁下板

项目外保温施工使用脚手架，因此外墙上留下较多脚手架的拉结点。拉结点贯穿外墙，形成了长 20cm、宽 20cm 的方形洞口。由于外墙 ALC 板参与热工计算，不良的处理方式将形成热桥，因此拉结点处理要同时满足气密性和热工性能双重要求。项目拉结点处理构造如图 6 所示。拉结点洞口靠近室外一侧使用 100mm 厚石墨聚苯板填充，石墨聚苯板与墙体间的空隙采用发泡聚氨酯填充，并以石墨聚苯板为模板，在室内侧使用具有良好流动性的灌浆料灌实。为防止开裂，在拉结点洞口室内侧和室外侧均挂增强型网格布后再抹灰，网格布搭接外墙 100mm。

为保障上述技术实施的可靠性，在正式实施上述技术措施之前，项目管理团队在施工现场甄选典型房间作为试验房，在甲方、监理、施工、

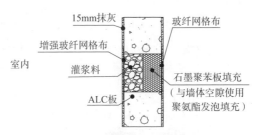

图6　拉结点气密性处理构造图

设计等多方监督下，请专业检测机构完成了试验房的气密性测试，检测结果显示试验房建筑气密性结果完全可以满足 N50 ≤ 0.6 次 /h 的要求，该解决方案得到了实践的验证，因此得以在项目上全面的实施。

（2）独创被动式建筑外窗内嵌于蒸压加气混凝土外墙安装结构

目前，建筑节能成为当今行业热门的话题，被动式建筑则是建筑节能的典型代表，而被动式建筑外窗是其关键部位，其具有比普通外窗更好的保温隔热功能、更高的气密性，也因此增加了窗的自重，对其安装提出了更高的要求。国内在施的被动式建筑外窗普遍采用外挂式安装，外窗通过安装角钢固定在外墙外侧，这样窗框和外保温在同一平面上，有效地保证了保温的连续性。但是，若外墙采用蒸压加气混凝土板、砌块，因其强度有限，不宜承受悬挂荷载，这时外窗若选用外挂式安装则会影响结构安全、破坏外墙的使用功能。

因此，项目在上述背景下，提出内嵌于蒸压加气混凝土外墙安装被动式建筑外窗的结构形式，属国内被动式建筑项目首创，目前已经在申请专利。

项目设计的被动式建筑内嵌式外窗节点构造先在窗框底部安装附框，窗框和附框之间需加设预压膨胀密封带。在窗框边侧粘贴一圈防水隔汽膜，并按照不大于 450mm 的间距将热镀锌连接件固定在窗框上，再缠绕一圈预压膨胀密封带。然后将窗框放入外窗洞口中，水平和竖直放线定位后，采用自攻螺钉将热镀锌连接件的另一端与洞口处的加固角钢固定，再将防水隔汽膜富余的部分粘贴在洞口内侧，并包住热镀锌连接件。待窗框与洞口间的预压膨胀密封带膨胀充分后，从外侧向窗框与洞口间的缝隙灌注发泡剂，发泡剂硬化后将其与窗立面刮齐平，然后在窗与墙体的缝隙处粘贴防水透汽膜，采用密封胶将防水透气膜与窗框、墙体粘贴严实；最后进行玻璃安装，从而外窗安装完毕。构造节点图如图7所示。

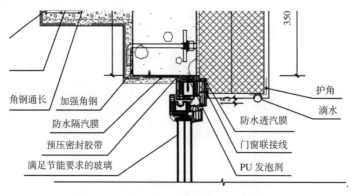

图7　外窗安装构造节点图（局部展示）

（3）温湿度独立控制技术的应用

本项目的主要区域包括实验室、研究室及门厅走廊室内新风量设计值均为30m³/（h·人）。项目采用双冷源温湿分控调节技术。在该系统中，夏季高温冷源为主冷源，负责承担全部室内显热负荷和全部新风负荷，低温冷源（新风机组自带压缩机），对新风进行深度除湿，除湿后的新风承担室内湿负荷。

在项目一、三、五层分设一台6000m³/h的内冷式双冷源新风机组（内置冷源，全热回收利用排风冷凝），机组自带板式热回收，热回收效率不小于75%。夏季利用15～19℃的高温水进行预处理，再由机组自带的压缩机进行深度除湿，负责室内湿度控制；冬季，新风经全热回收装置预热，经汽化式加湿器加湿后，可直接向室内送风。在机组排风侧，排风在经全热回收后，直接排向室外。新风系统支管设电动调节阀，可根据室内二氧化碳浓度调节控制新风量和新风机组的启动。末端系统采用干式风机盘管机组，全年只进行显热交换，负责室内温度控制。

3. 科研成果与奖励

2014年山东省首批确立了11个被动房试点示范项目，山东建筑大学装配被动式超低能耗实验楼是唯一一个装配式被动房项目。该项目于

2016 年度同时申请了山东省技术创新项目及中建总公司科技推广示范工程,均获得立项通过。项目为国内首个钢结构装配式被动式公共建筑,在实施过程中受到了各级领导的关心关注。

目前,针对山东建筑大学教学实验综合楼的技术特点,梳理如表 1所示的科技成果。

科技成果一览表　　　　　　　　　　　　　表 1

序号	科技成果名称	类型	申报情况
1	被动式建筑外窗内嵌于蒸压加气混凝土外墙安装的结构	发明专利	申报中
2	钢框架结构装配式预制楼梯安装施工工法	局级工法	获批
3	被动式建筑内嵌式窗户安装施工工法	局级工法	获批
4	被动式建筑内嵌式窗户安装施工工法	省部级工法	申报中
5	中国首个钢结构装配式被动式建筑实践与探索——山东建筑大学教学实验综合楼工程	学术论文	审稿中

【案例11】 广州国际金融中心工程（广州西塔）项目实践

1. 工程概况

广州国际金融中心为集办公、酒店、休闲娱乐为一体的综合性商务中心，位于珠江大道西侧、花城大道南侧，西边毗邻富力中心，南边为第二少年宫。工程总建筑面积45万㎡，包括四层地下室（局部五层）、5层裙楼、两栋28层的附楼和一栋103层的主塔楼组成，其中主塔楼总高度440.75m，平面呈三角拟合弧状心形，立面为中间粗两端细的梭形，整体造型设计为光滑通透的水晶（图1）。

结构形式采用斜交网格新型结构体系，在国内外尚属首例，在设计、施工过程中无规范可循，设计师要求采用2根钢管混凝土柱空间相贯，在柱轴线交点处截面面积最小，所受轴力最大。广州国际金融中心首次应用了一个新型"X"节点，利用竖向放置的椭圆形拉板连接4根相贯的钢管，节点区内钢管壁适当加厚，细腰处设置水平加强环，该节点形式简洁，受力明确，便于管内混凝土浇灌施工。

图1 广州国际金融中心全景

其中主塔楼结构体系为筒中筒混合结构，核心筒为钢筋混凝土结构，外框筒为钢结构，其中外框钢柱为巨型斜交网格体系，每27m高度为一个节段，共17节，每节由15个"X"形节点和30根倾斜钢柱组成，钢管直径由底部的1.8m逐渐过渡为顶部的0.8m，钢管内灌注C70～C90的超高性能混凝土；混凝土核心筒在67层上下存在结构体系的转变，67层以下为六边形规则设计，67～74层为结构过渡层，74层以上核心筒结构变为自身不能稳定的倾斜弧形薄墙结构；内外筒之间为钢梁组合楼盖，楼盖采用永久性钢筋桁架肋钢模板。

外围护采用全幕墙结构，内隔断为混凝土砌块墙与轻质隔板墙。并设计有消防、通风、空调、强弱电、给水排水、真空垃圾等配套机电系统。

2. 一体化建造技术与创新

（1）超高层智能化整体顶升工作及模架系统的创新应用

1）"空中造楼机"一体化工作平台

根据"主受力体系高空不变"的理念，本系统在低于施工层两层高度范围内设置3～5套顶撑结构，其通过支撑与设置在施工层上一层高度的大钢平台连接，形成一个稳定的钢骨架，平台上部可堆放大宗钢筋、消防水箱、布料机等施工料具，平台下部设置有可滑动、可调节的结构挂架和模板系统（图2）。

图2　大钢平台和支撑点

2）"长行程"顶升

顶升油缸一个行程即可顶升一个结构层，5m层高的顶升工序在2h内即可全部完成，彻底简化了顶升程序，实现智能化，确保施工质量、安全，显著提高了顶升速度（图3）。

图 3　智能化控制系统

3）可变模架系统

根据"模架体系高空易调"的理念，可调节并能沿轨道滑动的模架系统，满足横竖向高度精确调整的要求，并实现了模架系统的支、拆的有轨作业。

工作平台下部设置通向工程结构各个变化范围的轨道，模架全部通过导轮挂设在轨道上，实现结构变化到什么地方，模架就能滑动到什么地方（图 4）。

图 4　可调节的挂架系统

设计了可调节高度并能沿轨道滑动的模板吊杆装置，满足模板竖向高度精确调整的要求，并实现了模板支、拆的有轨作业（图 5）。

4）施工电梯 27m 的自由升降高度

采用平面钢桁架连接，使三部施工电梯成为一个整体，保证受力不变，整体结构稳定，加大电梯的自由提升高度，增强安全性（图 6）。

图 5 可调节的模板系统

图 6 自由升降施工电梯 27m 高度

（2）4D-BIM 创新综合技术

广州国际金融中心工程量巨大、工期非常紧张、场地非常狭小、施工难度大、专业分包多，总承包协调管理难度大，基于上述特点，项目团队结合 BIM 技术开发了符合工程特点的全新 BIM 综合技术应用管理体系，取得了显著效果。

1）4D-BIM 技术在项目管理系统中的创新应用

①"4D"管理系统

用计算机辅助软件建立起工程的立体三维模型，引入时间维度，随着时间及现场施工进度的变化，施工状态和各种信息随之变化，实现整个施工过程的可视化模拟，从而可针对性的对进度计划及现场施工管理做出调整及问题规避（图 7、图 8）。

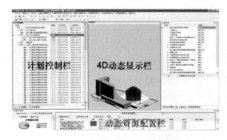

图7 动态可视化模拟界面

图8 全过程计划与实际比照界面

②成本管理系统

主要包括模拟、优化项目成本结构；对工程分组、分解进行成本计划；进行成本计划跟踪管理、对实际费用超支情况进行预警；预算与实际成本对比分析；成本动态跟踪管理、预测与利润分析等。

③合同管理系统及权限查询系统

主要进行合同策划，实现合同分类管理；执行严格的合同审批流程；自动化处理各种合同业务；严格、实时控制合同费用；全方位、全周期的管理合同所有环节。

项目信息管理系统还专门设置了权限查询模块，根据不同岗位、不同职位设置相应权限，进行进度、合同、成本、材料等信息的查询。确保项目在不同层次、不同部门中形成系统性运作。

2）应用BIM技术建立三维模拟测量控制网体系

应用BIM技术，通过三维模拟核心筒施工，外侧钢结构吊装，建立虚拟仿真模拟测量系统，科学校核主控测量网、核心筒测量网、空间钢结构测量网体系。

3）全仿真模拟分析技术应用

运用BIM技术对整个建造过程进行全过程模拟验算，计算分析出每个施工阶段各构件内力及变形是否超出设计值，是否需要采取临时加固措施；预测重点控制部位和工序以及整体工序安排是否存在缺陷或优化空间（图9、图10）。

本工程为超高层建筑，外筒在施工过程中受温度变化影响较大，因此对广州市的原始气象资料作针对性的分析，通过施工时的针对性技术措施将气象环境影响降至最低（图11）。

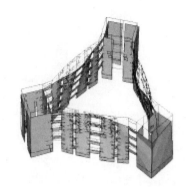

图 9　核心筒倾斜弧形墙体应力与变形模型

图 10　风荷载下结构位移分布图

（a）X 方向风荷载作用下水平方向位移图；
（b）Y 方向风荷载作用下水平方向位移图

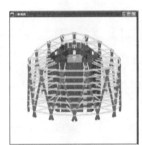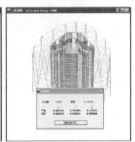

图 11　日照作用下结构变形模型

应用 BIM 技术仿真模拟分析地震荷载对结构的影响，将整个施工步骤分成三大部分，分别在 67 层以下主体施工、67 层以上主体施工和结构封顶后三个阶段计算地震作用对施工过程中结构的影响，将以图解形式详细描述（图 12）。

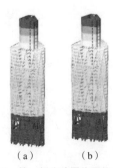

图 12　第一部分地震作用位移图

（a）X 方向地震作用下水平方向位移图（EX）；（b）Y 方向地震作用下水平方向位移图（YX）

另外，通过 4D-BIM 技术应用，采集项目施工过程中的原始信息，优化传统运营流程，完善运营阶段各项指标及维修保养计划。

（3）超高层工业化建造

广州国际金融中心工程通过工业化施工，不仅顺利按期完成了工程任务，而且工程质量也达到了较高的水准。主要包括工厂化加工现场组装的集成装配式装饰施工，有效减少了现场作业量，减少施工工序，提高施工工效，减少现场施工工人和材料运输量，缩短施工工期；利用装饰材料构件的加工组装能力和加工精度，让计算机控制的专用机器设备来完成大量的、重复的、高精度的加工，通过人来设计和指挥生产，来整合各种繁多、复杂的材料精细化加工生产。

1）巨型超高斜交网格钢管柱加工、制作工业化

通过对设计图纸的认识及深化，将钢管柱合理分段，并在场外进行批量加工制作，然后运入场内进行吊装，从而达到提高工作效率，保证施工质量及安全的目的。

2）室内墙面进口氧化铝板安装施工工业化

将 L 形钢角码与 U 形钢制龙骨之间采用螺栓连接（利用孔位进行三维调节），利用氧化铝板块侧面的预先开好的挂口，将板块直接在 U 形龙骨上挂装（如图 13 所示氧化铝板安装示意图和图 14 所示 L 形钢角码与 U 形钢制龙骨连接）。

3）暗架调节式氟碳喷涂铝板天花施工工业化

比原常规做法增加了一个调节装置，可以自由伸缩调节，解决了施工过程中由于无胶缝、板块缝隙小所造成的施工难度。同时，在氟碳喷涂铝板背面安装背面加强龙骨，一方面增强铝板的强度，另一方面用于调节铝板的平整度（图 15）。

4）核心筒电梯厅天花 A 级白色透光软膜套装开启式安装

将主龙骨固定在基层灯箱内，并将 A1 级透光软膜安装在副龙骨上，利用一个连环锁扣，将主龙骨与副龙骨连接起来。连环锁扣起到开启、关闭的作用。当推动整个软膜面层时，整个软膜将会利用锁扣吊起来；当拨动连环锁扣的拨片时，可将软膜面层整个拆卸下来（图 16）。

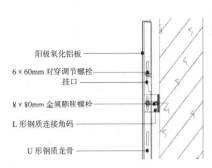

阳极氧化铝板
6×60mm 对穿调节螺栓
挂口
8×80mm 金属膨胀螺栓
L 形钢质连接角码
U 形钢质龙骨

图 13　氧化铝板安装示意图　　　　图 14　L 形钢角码与 U 形钢制龙骨连接

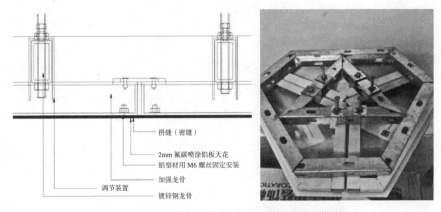

拼缝（密缝）
2mm 氟碳喷涂铝板天花
铝型材用 M6 螺丝固定安装
加强龙骨
镀锌钢龙骨
调节装置

图 15　暗架调节式氟碳喷涂铝板安装示意及预拼装

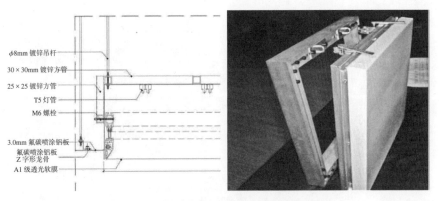

φ8mm 镀锌吊杆
30×30mm 镀锌方管
25×25 镀锌方管
T5 灯管
M6 螺栓
3.0mm 氟碳喷涂铝板
氟碳喷涂铝板
Z 字形龙骨
A1 级透光软膜

图 16　天花透光软膜套装开启式安装示意及组装

5）幕墙施工工业化

按照施工图纸的工艺要求，集中对幕墙材料进行加工制作，根据幕墙结构特点，按照一定的单元、板块进行批量制作，完成之后进场拼装及调整，从而提高工作效率，减少材料浪费，并保证幕墙的施工质量。

3. 经济与社会效益

广州国际金融中心工程（广州西塔），成功将 C100 高性能混凝土成功泵送至 400m 以上；荣获"鲁班奖"、"詹天佑奖"、中建总公司"科学技术奖一等奖"；2009 年通过鉴定总体达到"国际领先水平"；以该项目为主要支撑的《超高层智能化整体顶升工作平台及模架体系》荣获 2011 年国家技术发明奖二等奖。

本项目形成了一种用于建筑施工的顶升模板的控制系统及方法（ZL200810220298.1），低位三支点长行程顶升钢平台可变整体提升模板系统（ZL200810029576.5），一种高泵送混凝土的制造方法（ZL201010591819.1）和挂架系统（ZL 200820050893.0）等专利，并在工程中加以实施，取得了极高的社会经济效益。

【案例12】 广州周大福金融中心工程（广州东塔）项目实践

1. 工程概况

广州周大福金融中心工程（广州东塔）位于珠江大道东侧、冼村路西侧，北望花城大道，南邻广州市图书馆，是集商场、商业用房、办公、公寓式住宅及五星级酒店于一体的综合性超大型建筑，是华南地区在建超高层之一（工程全景如图1所示）。广州周大福金融中心工程主塔楼地上111层，地下5层，建筑高度为530m，裙楼地上9层，地下5层，建筑高度为60m。本工程总占地面积为26494m²，总建筑面积为50.77万 m²（地上40.43万 m²，地下10.34万 m²），建筑使用年限为100年，耐火等级为1级，建筑类别为1类，人防等级为6级。工程全景如图2所示。

图1 广州周大福金融中心俯视效果图　　图2 广州周大福金融中心立面图

本工程结构设计使用年限为100年，设计耐久性为100年，建筑结构安全等级为一级，建筑抗震设防分类为乙类，抗震设防烈度为7度，地基基础设计等级为甲级，基础设计安全等级为一级。

2. 一体化建造技术与创新

（1）5D-BIM技术的研发与应用

目前，国内外BIM技术应用点大部分停留在3D可视化施工指导、碰撞检查，方案优化、算量等单点或多点技术应用上，各个应用点关联性不强，无法高效协同工作。如何将BIM技术落地，融合到建造管理中是一项需要积极探索的新课题。

结合广州东塔项目开发研究 BIM 技术并得到成功应用，建立统一的土建、钢构、机电等建模规则，使各专业建筑信息小模型能够整合成一个大的建筑信息模型平台，并应用于工程项目管理。创新以下三方面原则：①制定统一的建模原点设置和坐标系；②标准化命名规则、构件定义方式等；③给每个构件赋予"栋号、楼层、专业"等属性。

通过 BIM 信息平台共享海量信息数据，实现设计优化及变更管理、节点优化、进度管理、工作面管理、多专业碰撞检查、合同文档管理、运维管理等，提高工程总包管理细度。

根据工效定额库及模型工程量等信息，按照所需的人、材、机的数量或工期要求，自动编制实施性更强的施工计划。通过施工记录的实际工程进度与计划进行对比，设置各个工序及配套工作的进度预警，实现进度的有效管理。

自动计算导出工程量，将国家或企业定额挂接到 BIM 模型中，达到工程成本测算及管控的目标。通过 BIM 手段实现工程的三算对比、成本穿透分析、方案成本优化比选等。通过 BIM 技术应用实现 5D 虚拟建造，增强对现场的进度、成本管理。通过中央数据库进行总控分析管理，建立工效库及定额库。

进度计划与三维模型的分层级关联（结合合同约定、实现材料采购、加工制作、进场验收、现场安装等状态变化的显示，如图 3 所示）；施工作业顺序逻辑关系的预警；工作面状态查询（各工作面现有施工队伍、已完作业、正在作业内容及进度、前置后续任务、安全防护状态、垂直运输分配、临时水电设施、平面动态管理等）；所有版本图纸的梳理（图纸及变更档案管理，并与模型实时关联，各专业平面图纸与三维模型的实时交互、变更录入后相关进度及成本影响信息预警，如图 4 所示）；主合同及分包合同条款分解并与模型对应，自动计算工程量及专业软件计算工程量信息的关联，跟进度关联的成本及收支信息的实时汇总与预警（图 5）；施工工艺模拟及碰撞检查（机电管线、设备、实体结构、幕墙、装修等，见图 6）；关联构件的查询功能，便于后期维修及运营查询（暗埋构件和易损构件相关信息）。

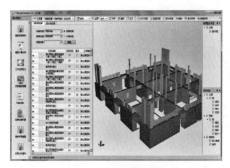 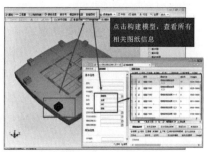

图 3   进度管理　　　　　　　　　　　　　图 4   图纸管理

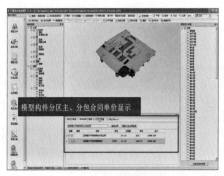 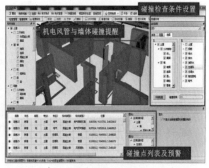

图 5   模型合同管理　　　　　　　　　　　图 6   碰撞检测

（2）敏感复杂环境下百层高楼超深超大基坑拟合设计施工一体的成套技术

工程北面紧邻地铁（最近仅 15m），东面紧邻两个在建深基坑，南面紧邻图书馆地下室，西面紧邻地下空间，地下空间结构的支护体系侵入项目买地红线，地下空间与深大基坑间土体内埋设大量市政管线（煤气管道、电缆、给水排水管），项目周围环境极为复杂（图 7）。

充分利用 A 区北侧地下空间老桩，采用复合桩支护形式，解决深基坑支护及土方开挖施工对地铁运营的影响；利用桁架式内支撑体系，解决东邻在建深基坑、北邻地下空间及地铁 5 号线、西邻地下空间问题，保证自身基坑安全稳定。充分利用相邻地块支护桩，采用"放坡＋拉板＋相邻地块支护桩"方法，解决狭长形基坑出土难度大，开挖进度慢的难题；研究应用 500 直径的侧旋喷锚索，解决相邻地块间距小，地质条

图7 广州周大福金融中心工程平面图

件差，普通锚索锚固长度和锚固力不足的问题；充分利用西侧原有支护桩，采用拉板支护方式，解决无法采用桩锚支护形式问题，加快基坑及地下结构施工进度。

（3）百层高楼低位支撑高位平台智能顶模系统刚度提升及升级研发应用

顶模系统已经成功在多个超高层建筑（广州西塔工程、深圳京基100工程）中成功应用，在施工速度、安全性能、工程质量、适用范围、使用成本等方面效果显著，建筑行业的发展、新型材料的出现，为此广州周大福金融中心工程管理团队总结应用顶模成功的经验，结合工程本身的结构特点及现场施工的需求对顶模进行了部分优化。

少穿墙上下对锁模板刚度提高技术

针对核心筒双层劲性钢板剪力墙的工程特点，设计一种带桁架背楞的新型大钢模板，模板只设上、中、下三道螺杆，最大限度减少对拉螺杆的数量，并在模板侧面设有对拉螺杆孔，各钢模板采用螺栓连接，各钢模板连接处设有夹具式连接件，连接件通过销子固定各钢模板，并在大钢模板中设置穿墙对拉孔，由于外墙大钢模板采用的是桁架式背楞的形式，最下部一道对拉螺杆处于混凝土施工缝以下 100mm，对拉螺杆通过与劲性钢板墙上预留的钢筋及套筒连接形成上下对锁大钢模板，该设计结构简单、强度大，安装或拆卸方便，它既能有效提高钢模板本身强度，又能大大减少对拉杆数量，这种设计方案不仅实用，而且经济性好（图8）。

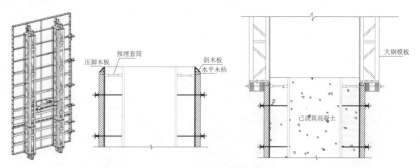

图8　少穿墙上下对锁大钢模板

①工具式挂架

本工程针对普通的挂架吊装完成后进行拼装且高空作业危险性较大的情况，优化设计了工具化、标准化、集成化一体的工具式挂架，该挂架设计为标准化单元体，通过地面整体拼装、单元体整体吊装，通过螺栓和销轴进行连接，并可通过设在顶模系统平台下玄杆下方的轨道内外滑动，以适应所施工墙体截面变化，实现了顶模系统挂架的工具化生产和拼装（图9）。

 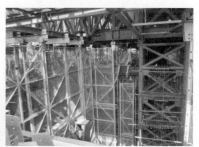

图9　工具式挂架

②顶模系统抗侧力装置

顶升系统利用长行程顶升油缸的活塞式运动将钢桁架工作平台整体向上顶升。在施工过程和顶模顶升过程中，顶模钢平台系统以及挂架系统承受风力水平荷载作用直接传递给墙体，而部分水平荷载将通过顶升钢柱、活塞杆、支撑大梁传递给牛腿，并通过牛腿传递给结构，导致顶模侧向位移增大。

针对上述问题，设计一种防止顶模抗侧力装置，可通过抗侧力装置承载顶升系统在风作用下产生的水平荷载，让活塞杆免受水平荷载的作用（图10）。

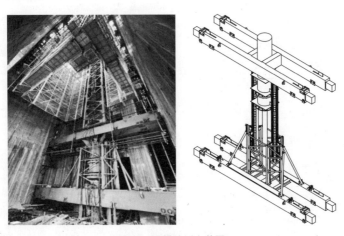

图10 顶模抗侧力装置

③顶模喷淋养护系统

对于常规的混凝土养护方法，有养护用水量大，养护质量不易控制，养护人工成本高等一系列问题，针对常规的混凝土养护方法，本工程设置一套顶模喷淋养护系统，保证现场的施工工期和施工质量（图11）。

④可视化监控系统

由于顶模顶升过程有很多细节需要注意，发现异常需要及时处理，为解决顶模顶升过程中的实时动态管理，本工程管理团队设计顶模的同时优化设计了这套可视化监控系统，便于管理和指挥顶模顶升中的全过程记录，工程核心筒为9个矩形筒，为保证顶模的顺利顶升，实时监控

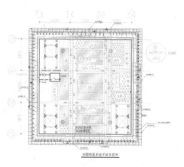

图 11　顶模喷淋养护系统

顶模的全过程，在上支撑箱梁和下支撑箱梁上部各安装 2 个监控，共安装 16 个监控摄像头，监控顶模顶升过程中人员操作的过程和支撑梁牛腿的变化过程，保证顶模平台的顺利顶升（图 12）。

图 12　顶模可视化监控系统

本工程通过以上对顶模系统的优化设计，目前已顺利完成顶模系统全部顶升作业，同时，本工程对塔楼结构进行了优化设计，在公寓及酒店区域 3.5m 标准层高条件下，完成了 4.5m/ 次的顶升设计，免除顶模支撑柱改造，并减少 8 次顶升作业，节省工期共计约 30d。

3. 经济与社会效益

本项目荣获中国建筑业协会"BIM 系统研发与应用成果"一等奖；中国建筑股份有限公司首届"工程建设 BIM 应用大赛"一等奖；成功

研发 C120 绿色多功能混凝土并泵送至 500m 以上；以该项目部分技术为支撑的《百层高楼结构关键建造技术创新与应用》荣获 2014 年国家科学技术进步二等奖。

本项目形成了自密实、自养护、低热、低收缩、保塑耐久混凝土的制法（ZL201310198734.0）等专利，并在工程中加以实施，取得了极高的社会经济效益。